U0451118

控局

何权峰 著

青岛出版集团 | 青岛出版社

本书中文简体字版经北京时代墨客文化传媒有限公司代理，由作者授权在中国大陆出版、发行

山东省版权局著作权合同登记号图字：15-2023-162

图书在版编目（CIP）数据

控局 / 何权峰著. -- 青岛 : 青岛出版社, 2024.8. -- ISBN 978-7-5736-2452-9

Ⅰ．B821-49

中国国家版本馆CIP数据核字第2024019T8G号

书　　名	KONGJU 控　局	
作　　者	何权峰	
出版发行	青岛出版社（青岛市崂山区海尔路182号）	
本社网址	http://www.qdpub.com	
邮购电话	18613853563	
责任编辑	李文峰	
特约编辑	侯晓辉	
校　　对	李玮然	
装帧设计	蒋　晴	
照　　排	梁　霞	
印　　刷	三河市良远印务有限公司	
出版日期	2024年8月第1版　2024年8月第1次印刷	
开　　本	32开（880mm×1230mm）	
印　　张	7	
字　　数	112千	
书　　号	ISBN 978-7-5736-2452-9	
定　　价	39.80元	

编校印装质量、盗版监督服务电话 4006532017　0532-68068050

自 序

我们常为未发生的事情担心、烦恼,未知的事终会到来,不好过的日子终会过去。

我们被困在忙碌之中,有时忘了奋斗的目的;走得太远,有时忘了为什么要出发。

我们期待美好的未来,却时常记起不愉快的过去,一再错失当下的美好。

我们以为来日方长,到了为时已晚的时候,才发现自己还有许多话来不及说,很多事来不及做,人生就这么过完了。

有位读者来信说,10年前,他读到我的一篇文章《人生苦短,明白太晚》,当时只是会心一笑,觉得写得有道理。没想到这10年来,他历经波折,遭遇至亲离世,偶然间在

控 局

网络上又读到这一篇文章时,心有戚戚焉,禁不住流下了眼泪。

我们一生都在等待,等有钱的时候,等有空的时候,等对方改变,等目标达成,等孩子大了,等退休以后,等梦想实现……我们一直等待理想的人生出现,根本没有真正地投入生活。虽然我们每天都很卖力地过日子,却从未真正地过好每一天。

李开复曾在某大学毕业典礼演讲时提到,4年前,他被诊断得了第4期淋巴癌。在接受治疗的那段时间,他不断反思人生,才意识到,终日追逐的事业、名声,甚至等待了30年终于到来的人工智能(即AI),对他来说都毫无意义。

他觉悟到,过去自己人生的优先次序完全本末倒置,忽视了最重要的事:父亲已去世,母亲几乎不认识他,而孩子在不知不觉中长大。

一辈子不过就几十年,日子过一天少一天,过去的不会重来。我们无法期待每一天都有"好"日子,唯一能做的是把当下的每个日子过好。我们别总想从前,而是要学会珍惜眼前。不管有钱没钱,我们只有把日子过好,我们的子女、父母和家庭才会更好;不管有没有伴侣,只要自己过好，一个人也可以快乐、自足。不管如意不如意，只要我们在混沌里保有心灵清澈，才能在阴郁中拥有风和日丽般的好心情。

把日子过好，比过好日子重要——因为幸福、快乐来自我们每天美好的感觉。我们把日子过好，把握自己的人生，与自己、他人和平相处，也就在一定程度上控制了人生的局面，才能活得更加自在、从容。

"春有百花秋有月，夏有凉风冬有雪；若无闲事挂心头，便是人间好时节。"我们需要停下来，重新感受这个世界，从不同的角度欣赏生活，惬意地悠闲漫步，光着脚走在草地上，坐在树下发呆，享受微风轻拂，任心自在飞翔；或者窝在房间里读喜欢的书、听喜欢的音乐，邀请朋友到家里坐坐，享受松饼、咖啡、下午茶……享受久违的好日子！

名人的控局

王阳明

明代思想家、文学家、军事家、教育家、心学集大成者

身之主宰便是心,心之所发便是意,意之本体便是知,意之所在便是物。

曾国藩

晚清政治军事人物、湘军首领

凡遇事须安祥和缓以处之,若一慌忙,便恐有错。盖天下何事不从忙中错了。故从容安祥,为处事第一法。

稻盛和夫

日本著名实业家、企业家

人生是为心的修行而设立的道场。

拿破仑·波拿巴

法兰西第一帝国皇帝

能控制好自己情绪的人,比能拿下一座城池的将军更伟大。

弗朗西斯·培根

英国散文家、哲学家

一个人的命运主要掌握在自己手中。

目录

第一章
快乐不是你以为需要的那样

第一节 容易失去的快乐,不是真正的快乐 / 3

第二节 最简单的快乐,最容易被忽略 / 7

第三节 你什么都有,却不快乐 / 12

第四节 没得到,才美好 / 16

第五节 重要的不是赚多少,而是过得多好 / 21

第二章
做自己,不盲目跟别人攀比

第一节 做最好的自己,就是成功 / 27

第二节 优点即缺点,缺点即优点 / 31

第三节 你羡慕的人,也许正羡慕你 / 36

第四节 你想比别人幸福,所以不幸福 / 40

第五节 人生最美好的时光在当下 / 44

第三章

接纳对方真实的样子，而不是你希望的样子

第一节　尊重每个人的独特性 / 51

第二节　放下"自己永远是对的"这种想法 / 56

第三节　只有自己可以改变自己 / 60

第四节　放手，让孩子走自己的路 / 64

第五节　爱人之前，先爱自己 / 68

第四章

倾听内心，不要让别人的想法决定你的人生

第一节　不要让别人的眼光决定你的样子 / 75

第二节　跟着自己的内心走 / 79

第三节　爱会变，天长地久不一定好 / 83

第四节　这一生，你是否了无遗憾？/ 87

第五节　以后，也许再也没有以后 / 91

第五章
不要因害怕过错而错过

第一节　跨不出去,就只能在原地打转 / 97

第二节　没有"失败"这回事 / 100

第三节　人生没有目标就是在绕圈子 / 104

第四节　人生太短促,不该匆忙度过 / 108

第五节　就算后悔也不让自己遗憾 / 112

第六章
一切事情的发生,都是最好的安排

第一节　苦难,是人生的必修课 / 119

第二节　未圆满的人,没学会的事,再次学习 / 122

第三节　每个人都有自己的问题 / 126

第四节　学着去接受每件事 / 130

第五节　尽人事,听天命 / 134

第七章
多一些笑容，少一些你死我活

第一节　感谢那些痛苦的过去 / 141

第二节　原谅别人，饶恕自己 / 145

第三节　多一点儿度量，少一点儿计较 / 150

第四节　生活是用来享受的，不是用来抱怨的 / 153

第五节　你已经很幸福了 / 157

第八章
得失相随，福祸相伴，苦乐一体

第一节　拥有是一种失去，失去是一种收获 / 163

第二节　福因祸生，祸中藏福 / 168

第三节　有苦有乐，才是圆满人生 / 173

第四节　本来就不存在，走时也带不走 / 178

第五节　到最后，总数都一样 / 183

第九章

充实地过活,快乐地老去

第一节　没有下不完的雨 / 191

第二节　人生多体验,一生不白活 / 195

第三节　学习一个人,孤单不孤独 / 199

第四节　面对死亡,学会生活 / 202

第五节　人啊,不要等到最后才领悟 / 206

第一章

快乐不是
你以为需要的那样

PART 1

第一节
容易失去的快乐，不是真正的快乐

为什么我旅行时感到很快乐，回到家后却快乐不起来？

智者：因为你获得的不是真正的快乐。

你在刚结束的假期里看到的是碧海蓝天的美丽景象，然而，回到家后开始去公司上班或者去学校上课，你会发现有一堆东西要整理，一堆衣服要洗，一堆报告要处理，一堆作业要做……

度假的欢喜一扫而光，琐碎的工作、生活又向你扑来，你很想再次出走。

控 局

我们到游乐场、球场、电影院放松心情,暂时忘却烦恼。之后,一切又回到原点。通过考试、升职加薪、旅游度假……这些都曾让我们欢欣雀跃,但过不了多久,快乐的感觉又消失了。我们花费时间喝饮料、吃美食、采购等,这些享乐如同朝露,短暂易逝;从别人那里得到了快乐,当他们离去时,快乐也烟消云散,随后或许伴随着沮丧、失落。

人生的悲哀就在这里——人因为不快乐而去追求快乐,即问题的根源。我们一生都在不断地追求外物,当得到了,真的就会满足吗?这种快乐能持续多长时间?

如果快乐有起点,那么它也会有终点。当你说"跟你在一起很快乐"或"旅游好快乐",这代表什么?如果少了"那个人"或"那个地方",你就无法感受到同样的快乐了。"那个人"或"那个地方"无法一直存在,你也无法一直保持快乐,对吗?

"等我通过考试,达成业绩,被某人赞美,买到喜欢的东西,得到某人的芳心,外出旅游……我就会快乐。"这样的说法等于承认自己现在是不快乐的。你不断地向外追求

第一章　快乐不是你以为需要的那样

快乐，其实是在否定自己内心拥有的快乐。

容易失去的快乐，都不是真正的快乐。

你不要混淆短暂的欢乐与永恒的快乐的含义。你最好在向外寻找快乐之前先看看自己的内心。你真的开心吗？你知道快乐是什么吗？快乐就是你对万事万物自然而然地感到欢喜，没有任何原因，只是发自内心地快乐。你去观察那些拥有快乐的人，他们并不是最有钱、长得最美或拥有最多的人。因为快乐不是来自自身所拥有的东西，而是一种内在的涌现。如同水塔里的水。如果水塔里没有水，即使更换再多的水龙头依然不会有水，你只能不断地从外面取水。

控 局

"一个人向外追求,认为他的快乐来自身外,最后他转而向内,发现快乐来自他的内心。"我们不要一味地向外追寻快乐,而是要向内寻找。我们要向孩子学习简单的快乐,从花草树木或者其他小事物那里获得最单纯的快乐。无论我们是仰望星空,还是在雨中奔跑,抑或是在黄昏时分偷得浮生半日闲,内心都能感受到欢欣雀跃。

一旦我们能让平凡的自己感到快乐,那快乐就永远与自己同在,这就是永恒的快乐。

第二节
最简单的快乐，最容易被忽略

人获得快乐的最快的方法是什么？

智者：放下你认为能使自己快乐的东西。

我们总以为，如果自己变得更有钱，或者换了不同的环境，或者得到梦寐以求的东西，就能更快乐。然而，当这些"如果……"实现的时候，我们会发现什么都没有发生改变，只是处境不同。外在那些"如果……"很少能让人真正快乐。

控 局

孩童时期,你爱吃糖果、冰激凌,你说:"如果有吃不完的糖果、冰激凌,我一定超级快乐。"现在可以尽情地吃了,你还会像小时候那么快乐吗?不会。因为你想要更多:今天你想要新鞋,明天想要新款手机,后天还想要名牌服饰……你的东西越来越多,你有更快乐吗?

高中生认为只要考上大学,日子就会逍遥自在;没有谈恋爱的时候,你幻想着以后谈了恋爱就会快乐;无业的人认为找到工作后会更快乐。结果呢?员工常常会想:等我当上经理以后,我就会快乐。他不知道的是经理也在想:如果我成为董事长,我就会快乐。而董事长则想:等公司业务覆盖到全世界,我就会快乐。

他们得到想要的东西之后,真的会更快乐吗?不,就算是上市公司的总裁,也很难更快乐。因为他要管理庞大的公司,要坐飞机到处视察、开会,每天都快累死了……尽管他的体力和健康每况愈下,但是怎么能想放手就放手呢?领导开始羡慕员工,因为员工只要上班、领工资,然后快快乐乐地回家睡觉就行了,多么轻松自在啊!

从小我们就被大人教育要有钱、成功、买车子房子……却很少有人告诉我们快乐和这些无关,快乐不是来源于外物，而在于自己的内心。我们有钱了，虽然可以买新车、豪宅，但是坐在车里、回到家里的还是同样的你。

人生的快乐不是以外在物质来衡量，而是来自知足。人的快乐不在于拥有很多，而在于要求很少。

回想小时候，虽然生活贫穷，人们却乐天知命。反观如今一些物质充裕的人，却时常郁郁寡欢、诸多抱怨。为什么？

因为他们都搞错了——快乐不是他们以为需要的那样。

我曾读到一篇报道：有两个女孩儿在面临人生困境时，加入了"志愿服务团队"，担任义工。她们没想到的是，那些被自己服务的孩子和老人带给了她们巨大的震撼，也颠覆了她们对快乐的认知。

一群孩子欢欣鼓舞地拥抱、感谢这两个女孩儿，甚至毫不吝啬地把自己心爱的东西拿出来分享。女孩儿们原以为这么贫困的人一定愁眉不展，没想到，他们竟然笑得如此灿烂。当她们一行人去探访某个村庄时，有人询问村庄里的一位老太太："您最近最快乐的事情是什么？"老太太

控 局

用轻松的口吻回答:"前几天老公回家陪伴我和孩子们,让我很开心。"这样平凡的事情,带来最简单的快乐,也最容易被人忽略。

第一章　快乐不是你以为需要的那样

我们总以为"快乐"是一种需要经过复杂的程序才能获得的东西,其实"快乐"很简单。

快乐,就是放下你认为能使你快乐的东西。你现在就可以快乐,有人在阻止你吗?

第三节
你什么都有，却不快乐

为什么人拥有了很多东西，但依然不快乐？

智者：因为人身在福中不知福。

其实你已经拥有不少了，但你的心不在已拥有的东西上，而是一直在寻找那些没有拥有的东西上。结果，你越去想自己欠缺的东西就越沮丧，越沮丧就越去想自己欠缺的东西。于是你变得不满足，总是抱怨，这样又怎么可能快乐？

第一章 快乐不是你以为需要的那样

有一个人非常有钱，凡是能买到的东西他大多都有，然而他一点儿也不快乐。怎么会这样呢？这个人感到很困扰，于是将所有的珠宝和钱装入一个大袋子里，然后去旅行。只要有人能够让他找到快乐，他就把这个袋子送给这个人。

他找了又找，问了又问，直到有个村民告诉他："你应该去见见这位智者，如果智者没有办法让你找到快乐，那么就算你跑到天涯海角，也没有人能帮你了。"

他非常激动，见到了正在打坐的智者，说："我来找您是为了一个目的——我把一生所赚来的财富放在了袋子里，如果您能够让我找到快乐，我就把所有的财富送给您。"

智者沉默片刻。

夜已降临，天色正在变暗。

突然间，智者从那个人的手中抓过袋子就跑。那人一急，又哭又叫地去追智者。由于人生地不熟，不一会儿他就追丢了。

他简直快气疯了，哭喊着："天哪！我一生的财富被劫走了，我变成了一个穷人！我变成一个乞丐了！"他一直哭，哭得死去活来。

后来,智者悄悄跑了回来,将那个袋子放在他的旁边,然后躲了起来。

不久,那人见到失而复得的袋子,破涕为笑,直说:"真是太好了!太棒了!"

于是智者又来到他的面前,问他:"先生,你现在觉得如何?你觉得快乐吗?"

那人说:"快乐,我真是快乐极了!"

第一章 快乐不是你以为需要的那样

那些到处寻找快乐的人,却把快乐遗忘了。

比利时剧作家莫里斯·梅特林克在其剧作《青鸟》中,描述了两个孩子四处寻找理想中的青鸟的故事。他们找遍了所有的森林后,才发现饲养已久的那只背部是蓝颜色的小鸟就是青鸟。

我们总是在追求自己未曾拥有的事物,期待自己能够实现所有理想,解决一切问题,期待那颗欲望之心被填满,最终却忘了手中已有的幸福。我们一味地追求快乐,却忘了快乐就在身旁。

第四节
没得到，才美好

为什么每次吸引我的人，不是已经结婚了，就是距离我很远？

智者：人总认为得不到的人才是最好的，看不清的风景才是最美丽的。

为什么有人愿意开着一辆四平八稳的轿车，跑去乡下坐一趟上下颠簸的牛车？为什么有人愿意舍弃自己舒适便利的房子，到荒郊野外露营野炊？为什么有人甘愿排队等好几个小时，只为买到新款的手机或是吃上一口异国小吃？

因为没吃过的东西总是被我们想象成最美味的，没尝试过的事往往是我们内心最值得期待的，没得到的东西一定是我们最渴望的。

我的前同事曾喜欢上一个姑娘，后来两人感情渐渐升温，那个姑娘却突然好几天没出现。前同事因此天天坐立不安，请我们帮忙判断她是否对自己有意，打听她最近为什么没来。

可是等他有点儿失望时，那个姑娘又出现了。没过多久，那个姑娘"时隐时现"，他也因此每天心神不宁，望眼欲穿。

人们常说：没有得到的人或者物品才是最好的。为什么呢？因为你得不到，所以会因此感到遗憾，而让你感到遗憾的人或者物品往往是你最想要的。因为你得不到，就看不清，梦想中的人或物品就显得完美无瑕。

问题便出在这里，既然得不到……你怎么会知道那是最好的？被美化过的人、事或者渴望的东西，只有在得到后你才知道它是否很好。

控 局

我想起几年前买房的经历。当时我去看了一套紧邻公园且拥有大面积绿地的预售房，很喜欢，想回去跟家人商量一下。一周后，我终于下定决心要买这套房子，结果它已经被人买走了。

过了很久，我每当想起这件事还会埋怨自己当初没有当机立断，如今只能空留遗憾。

直到有一次，一位朋友听到我说很喜欢那边的房子时，感到诧异。他告诉我：那里蚊虫多，又很吵，一大早大妈们就开始跳广场舞，一些健身的大伯边走边拍掌，偶尔还会有半夜喝醉、大声咆哮的青少年出现……他因为这些情况，一直想换房子。

显然，人在没有得到的时候最渴望某人、某物，这要比真正拥有更让人觉得美好。

当你很想买某个东西时，你会被它深深吸引，你的头脑里也会不断地浮现这个东西，甚至因此辗转反侧；然而，当你得到这个东西后，没过多久，你就忘了这个东西的存在。想一想，你现在拥有的衣服、鞋子、包包、电脑、手机、车子……你是否还记得当时想得到它们时的心情，如今你的心情又如何呢?

你曾经渴望拥有的那个人,如今已经和你在一起了。你还记得你们刚谈恋爱时,那种甜蜜又苦涩、既期待又怕受伤害的心情吗?你还记得自己当初有多么思念他吗?

没得到，才美好。如同你在商场看到一件心仪的衣服，在买到之前，你对它朝思暮想，可是把这件衣服买回来后，很可能一直把它晾在衣橱里的某个角落，甚至连标签也没剪下。

在一本童话故事书中，主人公小熊提到它对吃蜂蜜的期待："在蜂蜜沾到嘴唇的那一刻真的好棒好棒啊。其实，我觉得事前内心充满期待的那一刻，还没沾唇的那一刻也很好，至少也是一样好。"

人不一定非要得到美好的东西，把它留在梦想里，或许更值得期待；把它留在怀念里，说不定会更长久。如果人一辈子都得不到它，也会在心里留下美好的印象。

第五节
重要的不是赚多少，而是过得多好

谁是世界上富有的人？

智者：知足的人。

金钱这个主题应该能吸引很多人。每个人都知道生活离不开钱，但很少有人能真正明白金钱的意义。

在日常生活里，钱除了可以购买物品，还是实现经济独立的必要条件，也是让人拥有更多选择的基础。

有钱确实美妙。有了足够的钱，你可以随心所欲地购物，还可以到处旅行，开公司……更重要的是，你可以专心地投入到自己觉得有意义、感兴趣的事物上。

那么，人要赚多少钱才算够？是越多越好吗？事实并非如此，通常你会发现，赚得越多就花得越多，所付出的牺牲也就越多。例如，薪资越高的人，花在工作上的时间就越长，相对的，留给自己和自己所爱的人的时间就越少。

所以，重要的不是你能赚多少钱，而是赚的钱能让你过得多好。如果你认为有钱才能过得好，那没有钱不就很惨吗？如果别人只因为你有钱就羡慕、敬重你，一旦你破产没钱了，别人是否也就看不起你？

我们以数字来衡量金钱是一种很糟糕的观点。正确的观点应该是把金钱视为改善我们日常生活品质，给我们带来幸福与快乐的东西。如果我们把赚钱当作目的，就会变成金钱的奴隶。我们有了十万元，接着就会想赚一百万元，有了一百万元，想拥有的金额又会不断地增加，永无止境。

我们总以为要赚更多钱，升迁至更高的职位，得到更大的房子……就能过上更好的生活。我们在追求物质生活的过程中，反而忘记好好生活。我们为了赚钱不惜牺牲自己的兴趣、时间、健康与家庭关系，却没有想过，所牺牲的东西正是自己希望用金钱换来的。

第一章 快乐不是你以为需要的那样

　　我一直认为用最少的时间赚够用的钱的人，才是真正懂得生活的人。如果有一个人为了存钱每年到海边度假，而去从事讨厌的工作，那么他为什么不在海边找个工资不是很高的工作，每天开心地工作、生活呢？

　　你需要钱才能生活，让自己快乐并不需要太多的钱。额外的钱并不会让你更快乐，因为你无止境地渴求拥有许多你没有的东西会让你不快乐。

　　生命基本的愉悦很简单，肉体没有病痛、心中没有烦恼就是一种愉悦，但是人的欲望永远不会满足。一位记者问一位身家十亿元的富翁："您是世界上非常有钱的人，您自己拥有的已经足够了吗？"富翁想了片刻，说："还不太够。"

控局

> 快乐不在于拥有多少金钱，而在于你有什么样的欲望。有人每月数十万元不够花，有人几千元也可以活得很好……在钱不多的时候，人应该把有限的钱花在最大的快乐上。人若能学会知足，内心自然富足。

第二章

做自己，
不盲目跟別人攀比

PART 2

第一节
做最好的自己，就是成功

猫比狗机敏吗？

智者：猫擅长做猫，狗擅长做狗。

猫不可能变成狗，狗也不可能成为猫，没有谁比较精明能干，它们都擅长做自己。

有些人先天对数理在行，有些人对色彩敏感，有些人文字表达能力强。有的人很普通，但球类打得好；有的人在运动方面不行，却是电脑高手。每个人天赋不同，但天赋没有高低。我们要做的是如何去发现和表现自己的天赋。

我女儿是优等生，儿子则在绘画、运动方面有天分，当有人拿他的成绩跟姐姐比较时，他觉得沮丧，我提醒他："姐姐擅长这项，你擅长那项，你们都有非常擅长的事。"

儿子接纳自己本来的面貌，开始做自己，别人也开始注意到他的才华。

地球上的每个人在某些方面都比不上另一个人或者另一些人。我知道自己的文采不如我姐姐，绘画不如我妹妹，投资理财不如我弟弟，球类运动甚至不如我儿子，但我不会因此觉得自己不如人，人生也不会因此而黯淡无光。我明白所遇到的每个人——无论是务农的还是经商的，在某方面他们都比我强，但也有许多事是我会而他们不会的。

有些人之所以会觉得自卑或者不如他人，是因为他们以别人的"标准"来衡量自己，拿自己跟别人比较，长期下来，很难不被挫折感打败，甚至开始怀疑自己的能力。不幸的是，人的这种怀疑可能会变成真的。

我常常听到许多人抱怨："我这么努力，为什么拿不到好成绩？""我这么拼命，为什么不成功？"有的人为什么成功，为什么那么杰出？因为他的才能和天赋就在那里。

因此，人要学会认识自己，这是非常重要的事。

一位学者曾说过："不要盲目追赶自己没有的能力，应该充分发挥自己的强项，创造最大的成果。"

有这样一个发人深省的故事：在漫山遍野准备绽放的花朵当中，只有一株幸运的花朵被赐予选择颜色的权力，最后它却犹豫不决，想了又想，还没来得及绽放就枯萎了。

控 局

世界如同一座大花园,每个人都像一朵花,也许你是一朵茉莉花,也许你是太阳花,也许你是梅花,也许你是玫瑰花……其实,每一朵花都有其自身的生命特质。同样,每个人也要按照自己的本质去生活,你既没办法变成别人,别人也无法变得像你或者其他人。没有为了想要成为狗而练习的猫,也没有为了想要成为猫而练习的狗。你可以欣赏别人的优点和特长,但不必模仿或取代他们。

成功,不在于要变成什么,而在于你这朵花有没有绽放——做最好的自己。

第二节
优点即缺点，缺点即优点

完美主义是优点还是缺点？

智者：优点即缺点，缺点即优点。

有个男孩儿对女朋友说他们不适合，因为她太有主见了。男孩儿的一句话让女孩儿难过了好一阵子，她以为有主见是缺点，于是试着改变，让自己学会顺从，却总是学不来。

直到她遇到了另一个男孩儿，这个男生告诉她说："我喜欢你，因为你很有主见。"女孩儿才恍然大悟，原来有主见不是缺点。

优点与缺点并没有绝对意义上的好坏之分,只是两个不同的方面,在不同的情况下,你觉得它好,它就是优点;而你不喜欢,它就是缺点。

文学大师亨利·米勒对人性的理解十分透彻,他说:"我写的关于某人的事,我知道后来也能被我写成完全相反的事。"

比如一个人没有主见,看似是缺点,但同样的表现,如果他是忍人所不能忍,缺点就变成了优点。有主见的人,看似独立自主,有自己的想法,如果太过了,可能会刚愎自用、目中无人,优点就变成了缺点。

有位自律甚严的主管,纪律严明,对员工要求很高。在工作场合,这个做法还行得通,但是在他的私生活里,这种做法就显得一板一眼,缺乏弹性,他和家人的关系也变得很差。他搞不懂为什么自己的做法在工作中无往不利,在家里却行不通?

原因很简单,一个人做事认真严谨,同时也可能严肃苛刻;积极务实,同时也可能不够浪漫。如果我们这样对待家人，当然会引起他们的抗拒和抱怨。往往我们最引以为傲的优点，在一定情况下会变成缺点。同样，我们认为的缺点在某些情况下也许是有利的优点。

一位事业有成的企业家有感而发："固执是我的优点，也是我的缺点。这性格让我犯了不少错，但我若没了这个特质，大概早就放弃事业了，也不会有今天的成就。"我们总习惯否定别人的负面特质，却很少想过，这其实也是他的正面特质。

爱情和婚姻最矛盾的地方也在这里：起初你所欣赏的爱人身上的特质，到最后往往成为你最受不了的特质。

例如：你欣赏女友聪明能干，后来却嫌她盛气凌人；你喜欢她腼腆矜持，后来却嫌她没见过世面；你刚开始觉得她美艳动人，后来却批评她卖弄风骚；你觉得她体贴温柔，最后却嫌弃她太唠叨、管太多。

再如：你喜欢男人忠厚老实，后来却发现他个性软弱，有点儿瞧不起他；你觉得他充满男子气概，让你很有安全感，后来却发现他做事冲动，让你很没有安全感；你喜欢他幽默机智、风度翩翩，后来却因为他太有女人缘而忐忑不安。

优点和缺点是一体两面，看你如何选择。

医院里的护士阿芳的做法值得大家学习。有一次她和丈夫吵架，又气又恼，脑海里时不时地涌现出丈夫的缺点：自私（每天工作到很晚才回家）；爱唠叨（嘴太碎，实在让人心烦）；懒散（他总是随便乱放东西、从不归位）……

每当她抱怨丈夫、数落他的不是时，她就强迫自己在笔记本上写下他的优点。例如，有一天晚上，她想到他口是心非的行径，久久无法入睡。她愤愤不平地想着：阿兴，你这个王八蛋！总是跟我说要节省些，结果自己却乱花钱。

阿芳忽然意识到这是在折磨自己，于是从床上爬起来，抓起笔就在笔记本上写下"解毒处方"：

"那一次我不小心剐伤了新车，他只是轻描淡写地说：'意外总会发生的，不然要保险干什么？'他其实不算太坏，有些男人可能早就发飙了。"

这个处方帮助阿芳从更宏观的角度去看待自己的丈夫，她了解到：他有好的一面，也有坏的一面，就跟其他人一样。

于是阿芳给自己泡了杯茶，坐下来细品，同时回想丈夫的种种事情。他看重自己的事业所以才晚回家的,我要以他的成就为荣;他爱唠叨只是求好心切的表现;他生活懒散,也因此从不对家务吹毛求疵……其实这些"缺点"不正是他的"优点"吗?

没错,思及此,她不禁失笑。

第三节
你羡慕的人，也许正羡慕你

别人看起来，好像都比我过得好？

智者：看起来，只是"看起来"。

每天走在路上，我们经过一扇又一扇的门。每一扇门后藏着一个个不同的故事，或许是夫妻、婆媳关系不和，或许是有人病危，或许是某个人正经历磨难，或许是某个人遇到难以启齿的家门不幸。

当你看到别人的外表时，看到的只是表面。外表是展示品，一个人的内在很难被他人看清楚。有的人强颜欢笑，是不想让别人看穿自己的心事，这样也省去了解释的麻烦。你羡慕别人，是因为你只看到了他们让你看到的部分。你永远不知道别人真实、完整的生活是什么样子的，各家有各家的难处，各人有各人的烦恼。

你觉得朋友乐观开朗，但你对他的家庭了解多少？你看到同学成绩好，朋友家庭关系好，明星身材好，但你知道他们为此做了多少吗？人们欣赏湖面上悠闲的天鹅，只见它高雅、悠然的模样，却没看见湖面下的双蹼正在拼命划水。

人们总是把自己好的一面示人，我们在社交网络上常看到网友展示自己的"美好形象"，很多亲友也会在社交网络上分享漂亮的旅行照、在高级餐厅用餐的照片，向大家展示"我过得很好"，可是有谁知道他们真实的生活？

古代有一位宰相，有人问他做宰相的滋味如何？他说做宰相就像穿新鞋一样，外表好看，但心里很苦。有一位老者在年近七旬时遁入空门，曾感慨："这辈子所结交的达官显贵不知凡几，他们的外表实在令人称羡，但深究其里，每个人都有一本难念的经，甚至苦不堪言。"

控 局

所以，不必羡慕别人，因为我们不知道自己是否真的想成为他那样的人，就算他现在看起来真的很开心、很风光，谁知道以后会如何？

在河的两岸分别住着一个僧人与一个农夫。僧人每天看着农夫日出而作日落而息，生活得非常充实，相当羡慕。对岸的农夫看见僧人每天无忧无虑地诵经、敲钟，生活得十分轻松，非常向往。因此，他们很想到对岸去换种新的生活。

有一天，他们碰巧见面了，两人商讨一番，达成了交换身份的约定，农夫变成僧人，而僧人则变成了农夫。

当农夫体验了僧人的生活后，他才发现僧人的日子一点儿也不好过，那种敲钟、诵经的日子看起来悠闲，事实上却非常烦琐，更重要的是僧侣刻板单调的生活非常枯燥乏味，让他感觉无法适应。

另一位做了农夫的僧人重返尘世后，比农夫还难过，面对俗世的纷扰、辛劳与烦忧，他非常怀念当僧侣的日子。

你羡慕的人也许正在羡慕你。你羡慕别人头脑聪明、长得漂亮，也许他正在羡慕你绘画好、人缘好；你羡慕别人事业有成、才华横溢，说不定别人正羡慕你日子悠闲、家庭美满。别人拥有的可能是你梦寐以求的，但你具备的也许正是别人望尘莫及的。只是你不知道而已。

幸福如人饮水，冷暖自知。你的幸福，不在别人的眼里，而是在自己的心里。

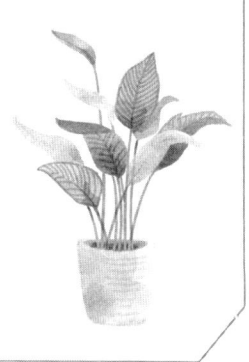

第四节
你想比别人幸福，所以不幸福

如果感觉自己生活得太累，该如何放松？

智者：不贪求，不跟人攀比。

让一个人变得不快乐的最快的方法大概是让他和别人比较，只要一开始和人比较，他就注定很难快乐。

比如：年底，你的老板对你一年的工作业绩赞誉有加，并给你涨薪，你开心极了。涨薪带给你的快乐没持续多久，一个同事不小心告诉你，另一个同事涨薪比你多，这时，你的喜悦化为乌有，你甚至觉得不公平，怒火中烧。

比较让人心生忌妒，忌妒让人看不到自己所拥有的东西，只看到别人拥有的。

约在半个世纪前，曾有人对一群猴子做了一项研究：一群猴子原本和睦地生活在一起，直到有一天，实验者在笼子里放了一件玩具，一只猴子开始玩玩具，其他猴子看到后刚开始只是好奇，后来开始互相嫉恨。最后，一群猴子因为争抢玩具而打架，导致整个族群瓦解。

无论哪一只猴子拿到玩具，都会感到焦虑不安，时时提防其他猴子偷走玩具。没有玩具的猴子忌妒拿到玩具的猴子，不是气呼呼地坐在一旁，就是使出各种花招偷玩具。在没有玩具之时，猴子们会互相梳理毛发，一起快乐玩耍；有了玩具之后，它们却满怀敌意，互不信任。

让猴子不快乐的原因不是玩具，而是其他猴子有它们没有的东西。人亦是如此。他得到的比我多，他买到的东西比我好，他的对象比较体贴，他的子女比较孝顺，他的成绩、成就比我高……只要不断地拿自己跟别人比较，人就会经常抱怨。

有一句话说得好："如果你仅仅想获得幸福，那么很容易实现；如果你希望比别人幸福，那么愿望将永远难以实现。"因为人外有人，天外有天。你漂亮，还有人比你更漂亮；你有钱，还有人比你更有钱。你不能仅仅依靠不断获得来摆脱忌妒，因为你总是可以找到比你更加优秀、成功的人。正所谓：人比人，气死人。

停止无聊的比较，你是你，别人是别人，为什么要把自己的快乐建立在别人的身上？

一个爱比较的人，必须先找到自信，否则就不可能停止忌妒。人的价值来自内在，你变得自信了，就不会产生凡事要比别人强的想法。不要站在软弱的人的身旁才觉得自己强大；人一旦站在强大的人的旁边，就会觉得自己渺小。

第二章 做自己，不盲目跟别人攀比

人若想找回人生的乐趣，就应该尽情地享受眼前的美好，融入当下，对任何人和事不加以评判或者比较。有一个人去郊外爬山，沿路发现山花开了，听到鸟儿鸣唱，回来的路上看到夕阳，但是他认为：洛阳的牡丹花比山花美上千倍，冠羽画眉的鸣叫声更悦耳，这里的夕阳根本比不上杭州西湖的雷峰夕照。当他这么想的时候，他眼前的花顿时黯然失色，鸟鸣声不再美妙，夕阳也不值得一看。如果凡事这么比较，那么他还会快乐吗？

第五节
人生最美好的时光在当下

为什么人在实现无数个愿望后，幸福依旧没有到来？

智者：幸福不在某时某地，而在此时此地。

小时候，我们都憧憬长大，因为觉得等长大了，父母、老师管不着了，想做什么就可以做什么。等我们真的长大了，父母、老师也的确管不着我们了，可是当初认为的幸福并没有到来。我们反而开始怀念小时候无忧无虑的生活，觉得那似乎才是幸福。

学生时代，我们总觉得日子难熬，一离开校园，又怀念不已；在家时，总觉得父母烦，离家后却很想念；独身时，急着找伴侣，婚后又怀念独身的美好；没长大时盼望赶快长大，年纪大了又渴望变得年轻……其实，我们现在过的每一天，都是余生中最年轻的一天。

一位飞机机长指着飞机下方的村庄对副手说："孩提时，我经常乘着竹筏在湖上钓鱼。每次有飞机从头上飞过，我都会仰望并希望以后能够开飞机。现在往下看，我却希望自己能在那里钓鱼。"

读书的时候，我也曾想等自己毕业后，一切会变得越来越好。事实并非如此。毕业后，我还是有同样的责任，甚至有更多的责任，经常有工作压力和其他烦恼。

还记得，我第一次感到寂寞，是在外地读书的时候。我总觉得，若有女朋友，这些感觉就会消失。后来我谈了女朋友，但事与愿违，两个人经常因为琐事吵架，坏情绪被无限放大，我也常常因此烦恼。

因照料刚出生的孩子而倍感辛苦，我对妻子说："等小孩儿会走路、会自己吃饭，我们就轻松了。"然而，孩子长大后，我们却希望时光倒流，重新来过："孩子们小时候的那段时光多快乐啊！""我真怀念他们还是宝宝的阶段。"

我们总以为"将来"一定比现在更好，之后又觉得"过去"比现在幸福。我们并没有把焦点放在眼前，而是放在未来或者过去，因而错失了当下的时光。

人应该活在当下。

我常常提醒学生：如果你是一名医学生，不用等到成为医生之后才开始美好的生活；如果你单身，不必等到结婚后才去享受人生；如果你是员工，不要等到放假、达成业绩或者退休才去体验生活的乐趣。时光无法倒流，人、事也无法重现。

我也是这样教育子女的，玩耍的时候就尽情玩耍，读书的时候就拼命读书，谈恋爱的时候就倾心去爱。如果你把一切打乱，不但会搞砸你现在的人生，而且未来你也会后悔。

人们经常说:"如果人生可以重来,我希望……""如果能再年轻一次,我要去做……"人们为什么会这样说?因为他们没有珍惜当下。

人生最美好的时候就是现在。是的,即使你觉得当下的日子马马虎虎,将来回顾时,你也可能会说"好怀念那时候……",只是再怀念也回不去了。

第三章

接纳对方真实的样子，而不是你希望的样子

PART 3

第一节
尊重每个人的独特性

我们要如何与他人和谐相处？

智者：顺其本性。

情侣分手或者夫妻离异，很多人经常将原因归咎于个性不合。究竟什么是个性不合呢？个性合得来的人相处不会有问题，所以，相处有问题的人就是因为个性不合，是这样吗？

当然不是。这个世界上没有两个个性完全相同的人，即使是双胞胎，也有其独特和差异之处。即使出生在同家庭、被同一对父母抚养长大的两个孩子，他们的感受与想法也不一样。所以，个性不同不等于不合，双方无法接纳差异，才是问题的根源。

关系出现问题，我们不要以为是双方个性不合或者自己没有遇到"对的人"。想想看，有没有可能是你自己的问题？因为有很多看起来完全不同的人在一起后相处得也很好。

"若说个性不合就要分手，我们不知已经分多少回了。"一位妻子谈起自己与丈夫二十年的婚姻有感而发，"其实我们的个性真的差了十万八千里，我内向、不喜欢交际，丈夫外向、喜欢社交；我有点儿洁癖，丈夫生活比较杂乱；我做事性子慢，丈夫雷厉风行。可是我们很少因为不合而吵架，双方比较了解彼此的个性，有时愿意相互配合，也愿意给对方空间，彼此不恶言相向就是了。"

如果有洁癖的人会因为对方杂乱的生活习惯而烦恼，而习惯杂乱的人也会被对方的洁癖所困扰，于是有洁癖的人看起来时常抱怨，杂乱的人则看起来总是犯错。这样的话，两个人就无法共同生活了吗？我们换个角度想一想，两个人个性相同，彼此的关系就一定没问题吗？如果两个人都有洁癖或者有杂乱的习惯，结果会如何？

如果一个人爱花钱，另一个人是购物狂，这两个人虽然看起来消费习惯相同，但是他们很快就会没钱；两个人都是完美主义者，很可能会互相折磨；双方都很有个性、很坚持自己的想法，很多问题将是无解的。

有位新婚的同事告诉我："我觉得两个人个性太像也不好，比如我很容易紧张、焦虑，我的丈夫比我还要神经质，他一紧张起来，我潜在的焦虑就会被触发。"

我们要学习的是尊重他人，毕竟一个人的性格不是一天形成的，一个人的习惯是在他成为你的伙伴之前就已经存在了。

尊重即接纳，接纳一个人的思想与感受，即使彼此个性、习惯不同，也可以接纳对方。即使你不赞同或者不喜欢对方的一切，也会尊重对方，就像你也希望对方能够尊重你。

与其尝试改变伴侣或者改变自己，你不如从彼此的不同入手，或许可以从对方身上学到些什么。通过接触与自

控 局

己截然不同的人,你会看见生命的复杂、丰富、独特,看清自己内心的缺陷。你要学会接纳对方,学会处理彼此的冲突,学会如何与另一半相处。

第三章 接纳对方真实的样子,而不是你希望的样子

一位读者跟我分享,她在参加过一门夫妻沟通的课程之后,整个人豁然开朗。每当她开始觉得丈夫应该这样才对的时候,她就立刻提醒自己放下那种想法,单纯地接受对方。"我们不再像以前那样怒目相向,这种松一口气的感觉真好!"这位读者说。

你有没有想过,当你沉浸在关系美满的当下,与你共处的那个人是否有同样的感觉?如果一方一味地迁就,双方的感受会是怎样的呢?

第二节
放下"自己永远是对的"这种想法

如果爸爸和妈妈吵架,我要站在哪一边?

智者:站旁边!

人最容易犯的错误就是以为自己才是对的。

人为什么难沟通?因为太坚持自己的看法。我们只想让别人理解自己,却没想过去理解别人,如果别人不同意我们的观点,我们就认为对方无法沟通。为什么双方冲突不断?因为双方都认为自己是对的,所以才会固执己见、毫不相让,冲突也因此产生。

这也是人们常常感到生气的原因。如果你不认为自己是对的，别人是错的，也不会那么生气，对吗？

每个人习惯用自己的观点去解释别人眼中的事物，问题永远没完没了。

你说："这件事应该这么做，你怎么不知道？"那是你的观点。而对方说："不对，你怎么这样做？事情应该那样做！"这是他的观点。如果两个人都自以为是，就会觉得对方不讲理，无法沟通。

我们生活中的"战争"就是这样引爆的。事情应该这样、工作应该这样、丈夫应该这样、妻子应该这样……这就是我们每天面对的"战争"，不是吗？

我看了一部电视剧，发现剧中的人物有个共同点：自以为是。剧中的人物陷入激烈纠葛与冲突，就会完全沉溺于自己的想法中，把问题推到别人身上，从不反省自己，还期望对方先改变。

几个月后，我偶然再看到那部电视剧，没想到剧中的人物之间的纠葛依旧持续，整整两百多集，剧情没有任何变化。我懂了，如果人们不坚持"自己才是对的"这种想法，问题就解决了，那么电视剧里的人物就没办法演下去了。

这些年，我越来越不喜欢与人争辩。每个人的观点不同，你有你的见解，我有我的想法，为什么非要争对错，甚至鱼死网破？

人与人之间相处不是在处理谁对谁错的事，而是在处理两个都对的事。如果你想好好和对方沟通，就不要把自己的观点强加于对方，而是先了解对方是怎么看待事情的，这样你就会怀着很大的善意去理解对方。

我们环视周遭，想一想认识的人中最不快乐、不友善的人，就是那些自以为是的人，这些人无法理解别人是以不同的方式看世界的。相反，那些了解自己的观点不是唯一的观点的人，几乎是最友善、宽容、随和、快乐的人。

试试看,你在表达自己的观点前,先认同别人的观点是对的。你可以这样说:"你是对的,我想进一步了解你的想法。"然后你再说出你的看法,接着奇迹就会出现。

你要常常反躬自省:我认为应该怎样,别人就应该这样吗?对我有意义的,别人也会觉得有意义吗?

有时候,别人的观点听起来毫无道理可言,他们只不过是出于一套与我们不同的观点或者是看到了我们没有看到的事。就像螃蟹横着走,也许它以为自己是向前走的。我们不要以为自己心中的那把尺子一定是直的。

第三节
只有自己可以改变自己

我要怎么做才能改变他？

智者：你先改变自己。

一提到爱情和婚姻问题，很多人会把焦点放在对方身上，强调对方应该如何改变。事实上，我们无法改变其他人，除非他自己愿意改变。

回想一下，你为了改变别人的言行举止，做了多少努力？你曾对别人唠叨、训斥、责骂、贬损、威胁、惩罚……最后，对方有任何改变吗？

第三章 接纳对方真实的样子，而不是你希望的样子

常常有人问我感情问题，我总会听到一句话："为什么他不会改变"或者"我要怎么改变他"。

"你要先改变自己。"每当我这么说，很多人就会抱怨："为什么要我改变？错的人、有问题的人又不是我。""对方呢？难道他什么都不用做？"我们常常以为自己有诚意解决彼此的相处问题，自省后发现自己只是想要改变别人。

改变是一种意愿，没有人能够在未得到他人的同意的情况下就能改变他。你可以通过说教、责骂、威胁使一个人改变，但只有他自己才能控制自己的行为和态度。你可以强迫他听你说话，却不能强迫他听你的话；你可以为他写剧本，但无法强迫他配合你演出。如同你可以牵一匹马到水边，但你没办法强迫它喝水。

以前，我很看不惯小孩子进门乱摆鞋子，曾多次提醒我儿子，但问题依旧。既然在意的人、不习惯的人是我，我就自己摆好了，于是每次回家我会把所有的鞋子摆放整齐。

让人惊讶的是，几周后，儿子竟自觉地把鞋子摆整齐

了。他到现在仍在保持这个习惯。这真是太棒了!

想想看,假使你自己都不能为自己改变,那别人又怎能为你改变呢?

一位哲学家曾说:"浮躁、狂热的人总是迫不及待地想要指导他人的行为,但是智慧之人总是先检点自己的行为。如果有人想要改变这个世界,那么,他首先需要改变自己。"

我完全同意这段话,唯有经历过转化的人才能够转化他人。如果有什么品质是你希望伴侣或孩子拥有的,你自己要先表现出这种品质。如果你告诉人们该做什么,他们通常只会把你的话当成耳边风,可是,如果你亲自做给他们看,结果就大不相同。他们就会明白如果你能改变,那他们为什么不能改变呢?

以你所需要的温暖和体贴待人，去做你希望对方为你做的事，就这样，当你不再试着去改变对方，往往对方会发生很大的改变。

第四节

放手，让孩子走自己的路

我的小孩儿不爱读书、不听话怎么办？

智者：放开牛，它们自己会吃草。

当你不想跑步却有人叫你一定要跑步时，你的心里会有什么样的感觉？当别人告诉你该做什么事情的时候，你会不高兴。没有人喜欢听命行事，一个人接到他人的命令、受到批评，最常见的反应是愤怒，再由厌恶演变成顽强对抗或者消极、不配合，双方都感到备受挫折。话虽如此，人还是喜欢发号施令，告诉别人该怎么做。

第三章 接纳对方真实的样子，而不是你希望的样子

我同一些父母对谈，他们常常提到自己的孩子不爱念书、不听管教的话题，希望我可以帮忙开导孩子。每次面对这样的情况，我心里十分清楚，眼下最需要开导的人并不是孩子，而是这些父母。他们认为孩子只要听话，以为使孩子变成他们想要的样子，亲子问题就不会发生，这才是整个问题的根源。

很多父母从不去观察孩子真正的样子，不去听孩子内心真实的声音，反而尝试强迫孩子进入自己设定好的模式里。那些爱孩子的父母并不爱孩子本来的样子，而是想要改变他。

父母常常会用自己过去的经验，规划孩子未来的人生。他们说："只要遵照我说的路走、只要听我的就没错。"问题是，父母真的知道哪条路是孩子最好的选择吗？如果孩子完全按照父母的路走，就不可能走出自己的路，找到自己独特的风格。人若穿了"不合脚的鞋"，必定很难走远。很多人走到人生的终点，很可能会后悔自己年轻时没有做自己想做的事，没有过自己想要的人生。

"我这不是为他好！"父母都出于一片善意，我绝对相

信这一点。只不过，如果真想为孩子好的话，父母就应该帮助孩子去展现他的生命，帮助孩子走自己的路，而不是走父母认为的路。

在你想要帮助别人和想要改变别人之间，有一个很大的差别。你帮助他人，是帮助他们成为自己；你企图改变他人，是试着把他们变成你想要的样子，你对他们本来的样子不感兴趣。

请你想一想：你接受别人本来的样子吗？你要一直保留自己的爱，直到他们变成你想要的样子吗？如果他们永远不改变，难道你永远不爱他们了吗？

亲爱的父母，试着再多给孩子一些信任并放手吧！人生漫长的路要靠自己走，困难也得靠自己解决。这样孩子才会学会负责，才会有自尊和自信，人生才会有意义。孩子在年少时期总会犯错，这是他成长的必经之路，不要在不经意间把父母的爱变成一种阻碍，折断孩子飞翔的双翼。

第三章 接纳对方真实的样子，而不是你希望的样子

孩子也应该试着多理解父母，明白他们也曾是个孩子，也曾被这样对待过。控制欲很强的父母，通常在他们的原生家庭中也遭遇过类似的问题；爱批评孩子的父母通常在被批评中长大，所以很难想象还有别的方式与家人互动、沟通，从某种层面上来说，那也是他们对待自己的方式。

一位作家曾说："心中热切渴望帮助他成为自己，这就是真爱。"爱即接纳对方真实的样子，而不是你希望的样子。当你放下期待，你会发现他们变得可爱多了。

第五节

爱人之前，先爱自己

我要做什么才算爱自己，才能被爱？

智者：你不需要做什么就可以爱自己，就像父母爱刚出生的宝宝，宝宝不用做什么就能得到爱。

每个人都渴望自己被爱，问题是你爱自己吗？你认为自己值得被爱吗？如果你不爱自己，怎么能要求别人爱你呢？

爱自己，从不自我批评、不与人比较、接受自己开始。熊猫不需要刻意讨好就受人喜欢，向日葵不必跟兰花比高贵典雅，兰花不必羡慕向日葵活泼、有朝气。你爱自己就要接纳自己的现状，去找到你的独特性。当活出自己的独特之美时，你自然会散发出自信的魅力。

为什么爱人先从爱自己开始？

如果你只爱对方，你会做对方喜欢的事，想尽办法去迎合、讨好、迁就他，渐渐让自己变得无能、无助、无力，甚至失去了自己。换句话说，你是在求人，你把自己交给了别人，让别人来操纵你。

你若要活得快乐、有尊严，就要学习不求人，学会向内求。人怎么才能向内求呢？就从爱自己开始。当你懂得看重自己，重视自己的价值和内心深处的感觉，别人才会重视、珍惜你。当你学会爱自己，在乎自己的需求，你的需要才会得到满足，你就不必依赖别人而活。

你只有自己拥有了，才能给予别人。你必须先照顾好自己，才能照顾好别人；先拥有快乐，才能给予别人快乐。比如你的爱是一杯水，当你把它分给别人，杯子里的水就少了，所以，你在给出爱的同时，也会期待别人的回报。当你掏空自己，却没得到回报，你就会非常失望，牺牲越多，怨恨就越多。反过来，你不断地给自己更多的爱，把杯子里的水加满，水满自溢，滋润着你身边的人，你满怀欢喜，根本不需要任何回报。

  人们希望从别人身上得到爱，这是错误的想法。没有安全感的人，想找一个能给他足够安全感的对象，但一个没有安全感的人一般没有自信，也会对人不信任，又如何从别人那里获得安全感？有些人不喜欢自己，即使拥有了爱情，拥有了全世界，也不会喜欢自己，甚至怀疑别人的爱。

第三章 接纳对方真实的样子,而不是你希望的样子

你无法从别人身上得到你尚未给予自己的东西。记住,用你希望别人对你的方式善待自己、照顾自己,你就不需要依赖别人,这才是真正地爱自己。

你要做到不再需要别人,自己也能得到快乐。一个人能够知足常乐,两个人在一起才会是幸福的。

第四章

倾听内心，
不要让别人的想法
决定你的人生

PART 4

第一节
不要让别人的眼光决定你的样子

我要怎么做才能真实地表达自己,轻松地做自己?

智者:当你不再需要别人的认可时。

如果你问我人生最重要的是什么,我会说是做自己。

为什么人不能做自己?因为我们从小就在别人的期待中长大,父母或抚养者不断地给我们评价,拿我们和别人比较。因此,我们总是以别人的评价来看待自己,想要得到别人的认可,试图满足别人的期待。

我的母亲会怎么想?我的父亲会怎么想?人们将会怎

么想？万一我说出自己的想法，做自己想做的事，会发生什么样的事呢？别人还会认同或者喜欢我吗？他们会不会离开我？他们会不会因此而生气？

我们由于过于在意别人的想法，才会一再讨好别人，失去做自己的勇气。

一个常讨好别人的人常疲于应付和别人的关系，因为总是解读对方的心，担心对方有什么反应，所以会觉得很累。人常常在不知不觉中把自己的生活过成了别人的日子，戴着伪装的面具，活在别人的期待里，当然不快乐。

我要如何做自己呢？

你要做你觉得正确的事，而不是你猜想别人喜欢的事。

刚当主管时，一次我与员工有分歧，导致工作停滞。一位前辈告诉我："情愿当个有人爱、有人骂的人，也不要当一个面面俱到的人，因为当你想要面面俱到，就会耗费心力兼顾每一个人，顾虑他人就无法活得真诚，讨好他人往往里外不是人。"后来，我想通了，是我先不认同自己，才会拼命地追求他人的认同。我无法做成自己想做的事，因为我做了太多不想做的事，怪不得人难做、事难成。

所以，每当孩子受到人际关系问题的困扰时，我总是一再提醒他："不要去解读和猜疑，直接去问对方的想法吧！"

而你自己呢？这是不是你想做的？你做这些事会开心吗？就算你现在还没有答案，我也希望你要记得问自己，跟随自己的心。

请你记住以下"三不原则"：

你不要因为依照自己的意愿行事就有罪恶感。鞋穿起来舒不舒服只有自己的脚知道，没有人比你更了解自己的处境和内心最真实的需求。

你不要一厢情愿地去迎合别人。你不知道别人怎么想，管不了别人的想法，也无法讨好每一个人。

你不要让别人的脑袋决定自己的人生。你若想从别人那里找到价值，就会永远卑微；想从别人那里找到快乐，就会永远悲伤。

一位精神病学专家曾写道："我做我的事，你做你的事。我活在这个世界上，不是为了你的期望。你活在这个世界上，也不是为了我的期望。你是你，我是我。如果我们偶然发现彼此，那很美好；如果没有，那就只好这样。"

这是你的人生，你只需要按照自己的意愿，开出自己喜欢的花。当然，你也应该放手让别人做他自己，让花园缤纷多彩。

第二节 跟着自己的内心走

我要怎么找到"对的人"?

智者:顺从你的心。

有些人常常会问别人:我该选择什么样的生活?我该选择什么样的对象?我该选择什么样的工作?这件事我该怎么做?……

其实,他们最应该问的人是自己,问自己的内心。

有一个小男孩儿常常抓自己的头,有一天,他爸爸看他又在抓头,忍不住问他:"儿子啊,你为什么没事总在抓头呢?"

"这个……"儿子回答,"我想那是因为我是唯一知道自己的头皮在发痒的人。"

自己的感觉只有自己最清楚,当我们握紧拳头时,有谁知道我们的感觉?没有人知道。因为别人可以看到我们握紧拳头,却不知道我们的感觉。同样,当别人握紧拳头时,我们可以看见,却一样无法得知他们的感觉。

当你心情郁闷的时候,你知道;当你满心欢喜的时候,你也知道。那是你自己的感觉,你心里很清楚。不要再受别人的影响,你应该开始倾听自己内心的声音,那才是最好的指引。

我曾看过一位心理治疗师的故事:当时他还是个孩子,在每一个农庄都进一些新牲畜的季节,一匹迷途的马走进了他家的庄园里。由于这匹马的身上没有烙印,人们无法辨识它是哪一户人家的马,周围的荒野又是如此辽阔……朴实的庄稼人都在发愁,要怎样才能把这匹走失的马送回它的主人那里呢?这个孩子说他可以做到。在众人惊讶的目光中,少年翻身上马出发……

心理治疗师后来说他当时只做了一件事——每当那匹

第四章 倾听内心，不要让别人的想法决定你的人生

马在路上转头吃草或无目标地闲逛时，他就夹夹马肚，催促着马上路。每当那匹马来到一个岔路口，他就放松自己什么都不做，让马东闻闻、西嗅嗅，然后踏上一条路……就这样，他让马走在路上，同时放手让马决定前往哪个方向……当那匹马终于到达数千米外的农庄时，农庄主人问他："你怎么知道这马是从我这里跑出去的呢？"

"我并不知道，但是马自己知道。我所做的不过是让它上路而已。"心理治疗师解释道。

我们应遵从内心的指引。很多时候，我们会感到迷惘、不安、难过，不知何去何从，这是因为我们没有倾听自己的心声。我们习惯向外看，而不去看自己内心真正的需求，不去面对自己内心真正的感受。

"股神"巴菲特的父亲从小对巴菲特说："孩子，尊重你自己的感受。"

苹果前首席执行官乔布斯送给毕业生一句经典名言："你们的时间有限，不要浪费时间活在别人的阴影里……不要让别人的意见淹没了你内在的心声。最重要的是，拥有跟随内心与直觉的勇气，你的内心与直觉知道你真正想要成为什么样的人。其他事物都是次要的。"

没有人知道你内心感受到的是什么，只有你自己知道。所以，你试着问问自己"我内心有什么样的感觉"或是进一步问自己"我到底喜欢什么？我要的是什么"？让快乐成为你的选择，你心里自然就会有答案——你只需要跟着自己的内心走。

第三节
爱会变，天长地久不一定好

两个相爱的人不能在一起，怎么办？

智者：不能在一起，就不在一起。想留的人不会走，要走的人留不住。

很多人认为真爱意味着天长地久，这是两性关系里普遍的误区。我们认为自己不会变，也认定对方不会变，假如有一方变心的话，我们便很自然地认为双方之间不是真爱。

然而，如果你跟不适合或者不爱你的人天长地久，就

控 局

是真爱吗？

为什么当情侣中的一方发现另一方移情别恋，往往会带有愤恨的情绪？我们感觉对方犯了滔天大罪，憎恨对方的背叛、绝情、不道德，甚至采取报复手段。源头就在这里，如果我们不认为爱情必须从一而终、海枯石烂，就不至于如此死缠烂打、痛不欲生。

"对待感情要忠诚。"很少有人会反对这句话。问题是我们该如何忠诚？如果我们选择跟随自己的内心，忠于自己的感觉，就不是忠诚了吗？

扪心自问，如果有更好的对象，更优秀的人选，你真的能做到绝对不变心吗？好，就算你做得到，如果你的伴侣想要一个更好的选择，是不是也可以理解？

有这样一个故事。有个女孩儿失恋了，终日以泪洗面。她想不通为什么曾经如此相爱的两个人，如今彼此之间竟然失去了交集。

她每天向上天祈祷，希望能跟男朋友重修旧好。

仁慈的上天听到了她的心声，对她说："我能够实现你的愿望，让他回到你的身边，永远爱你。"

女孩儿听了欣喜若狂。

但上天犹豫了一下，又对女孩儿说："但是……你真的要这样吗？你要不要稍微考虑一下？"

"为什么？"女孩儿不明白。

"因为我虽然能保证他永远爱你，却没有办法保证你会永远爱他。"上天解释，"因为爱或者不爱，只有你自己的心可以决定。"

女孩儿又问："那么，如果有一天我不爱他了呢？"

"他还会深爱着你，这会让他痛苦，也会让你痛苦。"

听上天这么说，女孩儿犹豫了起来。

上天笑了，说："孩子，如果你连自己的心都无法把握，又怎么能奢望别人的心永远不变呢？"

控 局

  当爱上一个人的时候，你不能欺骗他或者强迫自己不爱他；同样的，当不再爱一个人时，你也无法勉强自己去爱他或者假装爱他。因为爱或者不爱，只有你自己的心最清楚。

  如果有一天，你不爱他，他还是深爱着你，这会让他痛苦，也会让你痛苦。反过来，他不爱你也一样。如果你还爱着对方，何不给他自由？而如果你不爱他，为什么不放自己自由？当一个人的心已经不在你的身上，你就算和他在一起又有什么意义？

  所以，你与其祈求对方不变心，不如让彼此都跟随自己的心。当爱来临时，你要学会享受爱情；爱离去时，你也欣然放手，让爱简单、真诚、自由。你不觉得这才是真爱吗？

第四节
这一生，你是否了无遗憾？

为什么我怕老又怕死？

智者：你真正害怕的是自己还未真正活过。

"刚开始，我想进大学想得要死；随后，我巴不得赶快大学毕业开始工作；接着，我想结婚、想生小孩儿；后来，我又巴望小孩儿快点儿长大去上学，好让我回去上班；之后，我每天想退休想得要死；现在，我真的快死了……

"忽然间，我明白了自己一直忘了真正去活。"

控 局

这段文字，短短两段话，但要用一辈子感悟。你是否也曾认真细想过，自己的一生怎么过？

年少时，我们凡事都得听大人的，无法自己做主；长大后，必须面对升学竞争、工作压力，以致身不由己；结婚了，又发现婚姻生活困难重重；直到做了父母，又开始为孩子"做牛做马"，奔波劳碌；等孩子长大了，人也老得差不多了，正想停下来好好喘口气，可是，身体变得上气不接下气。

很多人会有同样的感触，一旦过了中年，突然会因意识到自己逐渐衰老而心生疑惑与恐惧，回首前尘，忽然间不知自己为何而活。加上开始感觉岁月流逝，年华老去，因而，很多人不免自问：剩下的日子，我还能做什么，才不至于抱憾终身？

最近，我正巧读到一篇名为《临终病人的五大憾事》的文章，作者提醒大家及时把握短暂的人生，不要等到躺在病床上时才懊悔。这五大遗憾分别是：

一、没有勇气追逐梦想。绝大多数临终病人非常后悔没能活出自己真正想要的人生，他们在只剩最后一口气时，才意识到自己还有很多梦想被搁置，此后再也无法实现。

二、太少时间陪伴家人。许多人懊恼自己竟然为了工作，错过了孩子的成长，忽略了最爱的亲人。

三、没有勇于表达真实感受。很多人为了保持和谐关系，压抑自己真实的情感，内心长年累积辛酸与愤恨。

四、没有多和朋友联系。很多人想起曾经那么要好的友人，却随着时间的流逝一一失去联系，无不感叹。

五、后悔自己没有活得开心点儿。许多人不开心，却对他人、对自己说谎，假装已经很幸福。如果时间能够重来，他们希望能够发自内心地活得更快乐。

控 局

> 亲爱的朋友,不论你今年几岁,我希望大家思考一下:你有活出自己想要的人生吗?什么样的生活才是你所渴望的?你想做的事都做了吗?你有没有好好笑过或者真正快乐过?生命行至今日,有没有什么事让你感到最遗憾?
>
> 你可以这样问问自己:当生命终了时,你会不会希望自己以另一种方式生活?那么,你为什么不现在就这么生活?

第五节

以后，也许再也没有以后

等退休以后，我要带一家人游遍全世界。

智者：人生无常，别等以后。

朋友被诊断出癌症晚期，大家去医院看他。看望的人离开后在医院门口感叹："唉，他还这么年轻，怎么会……"另一个人说："上回还听他说，等到事业稳定以后，要带全家人外出旅游。"

这类的场景一直不断上演。我们每个人都期待着某个日子的到来。等到达成目标、等到赚够了钱、等到升迁、

控 局

等到孩子长大、等到退休了……那时我就有时间去做重要的事了。

结果真是这样吗？有一次去爬山，我跟妻子说以后每年来爬一次山，又想等一年会不会太久，决定下次放长假再来，直到现在，几年过去了，再没去爬过山。那时，我就深刻认识到有些事现在不做，一辈子都不会做的道理。

人们为什么要把想做的事一再延后？这问题也曾让我纳闷儿：新衣，要等到重要的时日再穿；好酒，要等到值得庆祝的日子再喝；休息，要等到休长假时再放松；享受，要等到问题都解决了再快乐；父母，要等到自己有空了再去关心；妻子，要等到以后再对她好……人生无常，我们却把好东西留到最后，是谁想出来的主意呢？

我的一位学长每次提到这段往事十分感慨：以前他的妻子一直希望他能送花给她，但是他觉得太浪费，总推说等下一次再买，结果在她死后，他用鲜花布置了她的灵堂。

"我看着妻子死去，才知道一切都太迟了。"学长告诉我，"当她合上眼的那一刻，一切就结束了，不再有'改天我们再一起去'或者'等以后我再买给你'这回事。"

一位哲学家曾说："当我们等着要去生活的时候，生命已经过去了。"人生并未出售回程票，失去的便永远不再回来，将希望寄予某个特别的日子，我们不知失去了多少可能拥有的幸福。

想做的事就快去做！有对夫妻热爱旅行，但我没有那么热衷，所以他们每次邀我同游，我都说："等以后我有空再去。"但他们告诉我："趁年轻快去吧，谁知道以后还能不能去。"

一位好友才50多岁，因心脏病猝死，原本还在努力工作存退休金，没想到没活到退休的那一天。友人的猝死，让这对夫妻萌生退休之意，因为他们已经看清楚，继续把时间投注在可能不会发生的未来上，实在荒谬。很多人现在觉得快乐的事，上了年纪以后，不一定觉得快乐。现在还在的人，以后未必还在。以后的你未必有现在的心情，以后的你也不一定还在。

你不要再说"等以后要怎样怎样……"。如果你有以后想做的事,就请现在去做,不要给自己留下遗憾。因为生命是不等人的,以后也许再没有以后。

第五章

不要因害怕过错 而错过

PART 5

第一节
跨不出去，就只能在原地打转

想离开，又跨不出去，我该如何是好？

智者：有人绑住你吗？

首先，你学会爬，学会走路，你的世界被一点儿一点儿地放大；然后，你学会骑车、开车，突然间视野变得无限宽广，同时人生的疑虑也逐渐出现，你开始变得恐惧、胆怯，于是世界缩小了一点儿；你退缩，不敢行动，于是世界再缩小了一点儿；接着，更多理由阻碍你，你的人生被局限在一口井中。

控 局

这口井成了你的舒适圈，虽然未必舒适，但至少是熟悉的。只要待在里面，一切都在自己的掌控中，你当然感到安心。你一旦离开，不确定感造成的压力随之而来，久而久之你便再也跨不出去。

假如人能一生安于现状、不忮不求也就罢了，然而多数人并非如此，谁不想变得更成功、过更富足的生活、拥有更和谐的关系、度过更美好的人生？重点在于你绝不可能故步自封，缩在自己的舒适区里，又能心想事成；你也不可能缩在蛋壳里，同时展翅高飞。

"我的人生就这样过了吗？""按照这样的生活方式生活，我会快乐吗？"这是人们经常提问的。

如果你活得并不快乐，不想这样下去，就必须冒险。你必须去尝试新的路线、新的生活、新的追寻。这是你唯一的选择。你并没有什么可以失去的，因为之前的人生中没有快乐可言。过往已经变得没有意义，这是可以确定的，你只有进入新的人生，才有可能蜕变。

你是否愿意改变？你确实想改头换面？你真的想过不同的人生吗？

一名年轻女孩儿问一位很有智慧的老婆婆："毛毛虫怎样才能变成蝴蝶？"

老婆婆眨了眨眼睛，微笑着说："毛毛虫必须要有'飞'的志向，而且愿意放弃毛毛虫的生命。"你想要扩大舒适圈，唯一的方法就是离开舒适圈，走向不熟悉的区域。

"我们不是变得更强就是更弱，不是更聪明就是更愚昧，不是更勇敢就是更懦弱，每一秒都是我们做决定的时刻……"

别让自己被小小的生活圈子给圈住了，就像井底之蛙生活在井水里，所看到的世界也只是一口井的大小而已，你只有跳出这口井才会发现世界有多么广阔。

第二节
没有"失败"这回事

白忙一场，却一无所得。

智者：没有得到，就是学到。

失败是什么？请各位回想一下自己的人生，从中找出3件你认为最失败的事情，然后想想自己学到了什么。

每一次的失败是不是你人生中最宝贵的教训，帮助你成长或者让你更强大？有时候你认为最失败的事，没多久反而变成一件成功的事。

"没有失败，只有学习。"如果你能够明白这点，一切

第五章 不要因害怕过错而错过

豁然开朗。也许有人事业失败、考试失败、家庭失败、人际关系失败、婚姻失败、感情失败……但是没有一个人真正失败了，失败的是事情，而非人本身。因为人到这个世界上是来学习的，因此没有所谓的失败。

我的一些学生失恋后总是被愤怒、难过冲昏头，甚至自暴自弃，并将这一切当成失败带来的后遗症。我曾问过一名学生："你们交往多少年了？"

"5年。"他回答。

"你们在大多数的时候很快乐吗？"我问。

"是的，大部分时间里我们相处得很好，只是最近关系变差了。"

"为什么你要让那几年的美好时光打折扣呢？仅仅是因为没结果吗？"我问他。

一段感情结束，并不意味着它是失败的。如果在一起的这段时间里，你们彼此爱过、学习过、成长过，那就是成功。想一想如果每个人婚前的恋爱次数平均是3次，那么前两次的失恋对于婚姻而言不是好事吗？

没有一段感情从开始到结束都是错误或者没有意义的，

关键在于自己从中有没有学到什么。比如：你控制欲太强，这段感情教你学习尊重他人；你太过于自我，这段感情让你学习谦卑；你没有安全感，这段感情教你学习独立；你太在乎对方，你要学习的是爱自己，学会放手。

无论目前的处境有多么令人难过，你都可以从中学到一些东西。3次失恋，比你读大学或者闭关苦修3年更能迫使你走向醒悟。

人生没有失败这回事，只有经验；没有错误，只有学习。

所以，择友时，你要先问自己一个问题，这问题不是"他能跟我同行吗"，而是"他能跟我一同成长吗"。

面对挫败时，你要问的问题不是"事情的结果如何"，而是"在这个过程中我学到了什么"。你反躬自省，自己的内心到底发生了什么变化？你的内心变得智慧还是愚昧？自己的心性和人品是提升了还是下降了？

第五章　不要因害怕过错而错过

人生是一场永无止境的学习。哪怕只是进步一点点,你也能亲眼见证自己的成长过程。只要把每一次的错误转变为成长、学习的机会,不管你经历过什么,都是你的收获。

第三节
人生没有目标就是在绕圈子

我为什么会对生活没感觉、没想法、没热情，觉得人生没有意义？

智者：因为你没有目标。

为什么"目标"如此重要？

坐出租车时，你会让司机在市区里不停地绕圈子，直到车子里的汽油全部用完吗？你当然不会。因为这样做很愚蠢，只是在浪费时间和金钱。

没错，如果你不知道自己要去哪里，即使走了上万里路，不管走多久、多辛苦，还是在原地打转。

有一则唐僧取经的寓言故事：

唐僧玄奘前往西天取经时所骑的白马只是长安城中一家磨坊里的一匹普通的白马。这匹马并没有什么出众之处，只不过一生下来就在磨坊里工作，身强体健，吃苦耐劳，从不捣乱。

玄奘大师心想：西方路途遥远，去时要乘坐骑，回来时要驮经书。况且自己的骑术又不是很好，还是挑选忠实可靠的马吧。选来选去，他就选中了磨坊的这匹马。

唐僧这一去就是17年。待唐僧返回东土大唐，已是名满天下的传奇英雄，这匹马也成了取经的功臣，被誉为"大唐第一名马"。

白马衣锦还乡，来到昔日的磨坊看望老朋友。一大群驴子和老马围着白马，听白马讲取经途中的见闻以及今日的荣耀，大家羡慕不已。

白马很平静地说："各位，我也没有什么了不起，只不过有幸被玄奘大师选中，一步一步西去东回而已。这17年，大家也没闲着，只不过你们是在家门口来回打转。其实,我走一步,你们也在走一步,咱们走过的路还是一般长,也一样辛苦。"

众驴子和马都静了下来:是啊,自己也没闲着啊,怎么人家就功成名就,自己还是老样子呢?这话真的发人深省。

当生命有了远大的目标时,人生的故事何等不同?

《西游记》中的孙悟空很厉害,翻一个筋斗就是十万八千里,那他去取经不是很容易吗?为什么是唐僧取经?因为孙悟空没有动机。唐僧有动机,缺乏取经路上降妖的能力,但动机比能力重要。

人没动机,就没目标;没目标,就找不到方向,只是随波逐流、得过且过……如同无舵之舟、无衔之马,在茫茫的人海中终归会迷路。

第五章 不要因害怕过错而错过

你总是庸庸碌碌，不知自己为什么而活吗？你觉得在工作中得不到快乐和成就感吗？你每天都懒得起床，睡醒也不知道起来要做什么吗？

如果你不想再这样下去，那就快给自己设定目标吧！最近，我儿子早上5点就起床读书，我很惊讶，不知道他是怎么办到的。"我也不清楚，"儿子说，"可能是因为我下决心要考上第一志愿的大学！"

所以，问问自己，每天早上叫醒你的是什么？

我希望，不只有闹钟或父母的叫骂声，还有梦想。

第四节

人生太短促，不该匆忙度过

生命有限，我该如何把握？

智者：别想从前，珍惜眼前。

年少时，我常听长辈说，感觉昨天他们还在我那个年纪，转眼间就长大了。

现在我自己也有同感。高中毕业至今，一晃30年过去了，真的是光阴似箭。或许当我30年后准备向这个世界说再见，回想起现今50岁的种种生活，我的心情也和现在回想高中时期的种种生活的心情一样。

第五章 不要因害怕过错而错过

"这些年到底是怎么消失的？"到了一定年纪之后，总觉得人生变得很短暂。因为我们太匆促、忙碌，日子又一再重复，生活中没有什么值得记住的新鲜事，所以就这样一周、一个月过去了，一眨眼又是一年，接着5年、10年也不知不觉地飞逝了。

"每个人都感觉不到青春正在消逝，但每个人都感觉到青春已经消逝。"这句话说得真切。岁月不饶人，行动要趁早。试着打破一个小小的不可能，冒点儿无伤大雅的险，完成埋藏在心里的梦，比如参加选秀活动、爬山、蹦极、骑自行车环岛，或是面试你梦寐以求的工作、当社团社长、向暗恋的对象告白……假装自己是一个冒险家，结果会怎么样？最糟的就是你不知道结果如何，但这就是冒险能够令人兴奋的原因。

你不要把生活变成例行公事，应该做一些新鲜的事，比如换个发型、学做料理、交新朋友，或是去环游世界、到挪威搭邮轮追北极光……当然，我知道你会说，行程贵得要死。那又怎么样？你没去，最后一样也会死。你何不幸福地死去？

控 局

  一位旅游达人告诉我，他有一次到国外搭船旅游，看见海水透亮清澈，而且风平浪静，征得船长同意后，便下船游泳，想体验一下在辽阔的大海中独自游泳的感觉。当他在大海中悠然自得时，突然看到一只巨大的龟与他擦身而过，刹那间他看着它，它也看着他，这个邂逅经历令他毕生难忘。

  "人生中有些美好的体验可能永远不会再出现。"是啊！花开不久就谢了，如果你现在不懂得欣赏，之后就会很后悔。人生也是如此。你错过的当下的美好，未来也许不会再有。

第五章　不要因害怕过错而错过

美好是要你去觉察的，如果体验不到，是因为人生太匆忙。如果你快速播放了一部电影，就算猜得到情节，也无法获得电影的意义，无法欣赏其中的美好。你现在试试看，把生活的步调放慢，就像录影带暂停或是进入慢动作，让所有慢下来，慢慢地走路、慢慢地喝水、慢慢地吃东西，你的呼吸和心跳也慢下来，于是你开始有闲情逸致去细细体会周遭的一切，你的生命就不会匆匆而过。

人生是由经历组成，所以，你别忘了每天增添新意。一年有365天，生活不是重复365次。

第五节

就算后悔也不让自己遗憾

做了怕犯错,不做怕后悔,我该怎么办?

智者:不要因害怕过错而错过。

人的一生中有两种后悔,一种是想做却没去做,所以后悔了;另一种则是鼓起勇气去做,但结果不如预期,因为遗憾,所以后悔。

哪一种后悔比较糟糕?当然是没有尝试的后悔。

人常常会站在抉择的岔路口,最重要的选择往往也最

第五章　不要因害怕过错而错过

可能带来后悔，包括要不要结婚、生小孩儿、换工作、买房子……我们之所以会后悔，是因为把错误或不幸的后果归咎到自己身上，"如果当初我采取不一样的做法，也许就能避开它"。由于这种情绪令人不快，我们做决定时常常犹豫不决、踌躇不前——到底要选 A，还是选 B？万一自己选错了怎么办？万一结果不如预期该怎么办？

有选择就有后悔，因为每个选项各有利弊。当你选择了 A 之后，发现选 B 比较好；可是当你选 B，也可能觉得不好，又开始后悔为什么没有选 A 或选 C，无论你怎么做，你都会后悔。

后悔永远是后知后觉的——如果当初你就知道该这么做，就不会那么做。每个选择在当时都是对的，如果你后来发现当初的选择是错的而觉得后悔，这不就是经历带给你的领悟吗？

人就算后悔也不让自己遗憾。现在，我会用这种态度去看待每一件事。我越来越当机立断了，如果我想做什么事或觉得我应该做什么事，就会立刻去做；如果我心里有话，也会尽可能地说出来。

控 局

　　我想起高中时期我们学校有一个女生，常在我的抽屉里留字条。她很喜欢我，同学们总是抓住这个事情起哄，所以，我总是刻意避开她，每次她跟我说话时，我也不怎么理睬。为此我至今仍深感愧疚，自己明明可以表现得好一点儿，但我没有。

　　我相信人最后悔的事都是自己没有鼓起勇气做的事，不论是没鼓起勇气对人好一点儿，还是没鼓起勇气拒绝别人或者说出自己的感觉。

　　以前在课堂上参与讨论某个主题，我想提出疑问或者发表见解，却因自己太害羞而退缩。我实在不想这样下去，于是问自己："要是我不害羞，会怎么做？"答案很明显，我会站起来，说出心里想说的话。

Terrified（恐惧）和 terrific（绝妙）这两个词语，都是由同一个词根衍生出来的，它们只有一线之隔。之前，我还被焦虑和恐惧压得喘不过气，现在竟然可以把压在心底的话说出来，甚至对大家侃侃而谈，那种感觉真的很美妙。

有人说："当回顾生命时，我们会发现，会让自己感到后悔的通常不是所做的事，而是没有去做的事或者不曾说出的话。"我深有同感，想想看，当人们说出"本来我可以的"这句话时，他们的感觉有多糟糕？

去过没有遗憾的人生吧！

第六章

一切事情的发生，
都是最好的安排

PART 6

第一节
苦难，是人生的必修课

我该怎么度过人生的艰苦时光？

智者：苦难无法避免，受苦是不必要的。

人受苦是必要的吗？是，也不是。

没有人能避免生命之苦，也正因为痛苦，我们才会有所觉悟，我们的心灵才得以成长。

经历痛苦是必然的，直到你明白它并非必要为止。

你有没有注意过小孩儿学走路时，无论摔得多么痛，爬起来继续走，他们很少会在意。为什么？因为他们没想到痛是一种惩罚，所以痛本身并不会让人受苦。然而，如果有人把你绊倒，你很可能就会怒气冲冲，就会不高兴。所以，真正让我们受苦的不是我们的境遇，而是我们对境遇的反应。

我曾在医院重症病房待过，经常看到人们经历强烈的痛苦。有些人可以镇定地平和以对，有些人却痛不欲生。为什么他们的反应会如此不同？我观察发现，当只有肉体的痛楚时，病人都没有问题。但是当他们的心开始抗拒时，"为什么是我？我为何会患这种病？我很悲惨"，他们就开始觉得痛苦、煎熬。

事实上，没有人能逼我们活在苦难之中，除了我们自己。

第六章 一切事情的发生，都是最好的安排

苦难是人生的必修课。它并不是在惩罚你，也不是要折磨你，而是帮你成长，启发你获得智慧。你想想看，一切顺心如意，谁会去发现问题？谁会去反省？谁会想改变命运？当一个人遇到困苦与灾难，比如生了重病、亲人离世，就有一个新的可能性。当情人离开你，孩子不理你，在经历过无数孤寂的夜晚后，你就会觉醒。

当事情深层的意义不被了解，人会疑惑、抗拒、混乱、悲苦，那是自然的。人所遭受的痛苦，不仅仅源于灾难，更来自错误的认知。如果你还在受苦，那么很显然，你还不了解其中的深意，当你觉得受够了，自己决定跳出来，不再受苦了，你也就学会了这堂课。

第二节
未圆满的人，没学会的事，再次学习

为什么我总是被欺压？

智者：一切都是最好的安排。

人来到世间的意义不同，境遇不同，但是目的只有一个，那就是学习。

人们常常不解为何越担心的事越会发生，自己总是碰上很讨厌的人，想避开的问题和麻烦总是一再发生……为什么？

因为你总是学不会人生的功课。当你发现生命中反复

遭遇相同的问题，说明你没有学会人生的功课，你被困在过去的认知里了。例如，有人总受人欺压，就会常常遇到这样的人和事；有人总是遇人不淑，结果一再遇到糟糕的人。除非他们通过了自己的人生课题——学会自爱、自尊、自我接纳或接纳他人，否则问题将一再重演。

有人才貌双全，情感上却坎坷难行；有人感情美满，却怀才不遇，口袋空空。这也是人生课题。有人家财万贯，但可能必须终生应对子女不孝、身体不健康、家庭不美满这些人生课题。

一位朋友跟我说了他自己的故事。一年前，他与相恋多年的女友分手，在那段伤心的日子里，他看了一部不知名的电影，说有个人死后到了一个地方，那个地方有许多天使，还有许多像电视一样的机器。天使请那个人坐下来，然后这些机器就开始放映那个人的一生。

那个人就发现机器只要放映到自己逃避一些事情时，画面就定格，于是机器一次次停在他第一次惹爸妈生气却不敢道歉、他爱上一个女孩儿却不敢表达、他作为父亲不敢对孩子表达关爱……最后，他的一生放映完了。

控 局

天使们讨论一阵之后告诉他:"你在这一生中缺乏爱与勇气,所以我们要请你重回人间,把爱与勇气学会之后,再回到这里来。"画面一转,这个人又回到人间,重新学习爱与勇气。

朋友告诉我,这部电影让他非常震撼,如果他此生学不会原谅他人或者自己而需要重新再学,如果他此生学不会勇敢面对困难而需要重新再学,那为什么他不在这一生中就学好这两件事?

未圆满的人,有没学会的事,就必须再次学习。如果你的婚姻有问题,有问题的婚姻就是你的课题;如果你的财务常常出现问题,金钱就是你的课题;如果你和同事发生矛盾,你与同事的矛盾就是课题。所以,遇到困难和挑战并不是坏事,所有的经历不过是你没有学会的功课的再次呈现,一切都是最好的安排。这有点儿像是参加考试,当成绩不及格时,你需要重考,如果还是考不好,就需要重修,直到你把这门功课学会了,并且通过了考试才算过关。

第六章 一切事情的发生，都是最好的安排

人最大的问题是一直想改变别人、改变事情。从某种层面来说，人到这个世界上，除了去经历和学习，还需要改变我们面对事情的方式和态度。"看，这个问题难不倒我""我不再受困扰""我觉得内心越来越喜悦"……这显示你在不断精进。反之，同样的问题便会一再出现。你会以同样的剧本或模式面对未解决的课题，直到有一天学会用新的观点，有新的作为，才能开启全新的人生。

第三节
每个人都有自己的问题

人为什么有那么多的烦恼?

智者:放不下、想不开、看不透、忘不了。

常常有读者写信给我,述说自己的烦恼。有人觉得自己被排挤,有人为工作所困,有人为感情所扰,有人为生活烦忧,也有人为别人的事烦闷……自己该做的都做了,还是有人不满。世间的一切不都是这样吗?

生命只有一个纯粹的问题,就是每一个人都有问题,即使是那些乐观的、有智慧的人也不例外。差别是他们视

第六章 一切事情的发生，都是最好的安排

问题如家常便饭，看开就好，而有些人遇到小小的问题就觉得不得了、受不了，把每一个小问题都看成千斤重，这就成了烦恼。

有这样一个故事。

世上有太多的烦恼。有一天，上天决定帮助人们，于是挑选了几个人，趁着他们进入梦乡之际，暂时将他们带到一个地方。

这几个人围着一张圆桌坐下，桌子上有一个箱子，里面放了一张张写着烦恼的字条，接着众人兴致勃勃地以抽签的方式来交换烦恼。

可是，才抽完字条，就有一个男子愁眉不展地说："我原本的烦恼是孩子不听话，可是这张字条上的烦恼是我失去了孩子。我才不要交换呢！"

接着，又有一个妇人说："我原本的烦恼是丈夫不会赚钱，可是这张字条上的烦恼是我的丈夫有外遇。我才不要交换呢！"

然后，一个小男孩儿也开口说："我原本的烦恼是不喜欢上学，可是这张字条上的烦恼是我很想要上学，但是没有钱上学。我才不要交换呢!"

到了最后,所有人带着自己的烦恼回家去了。

第二天,他们醒来后觉得自己似乎做了一场梦。他们并不记得梦的内容,却惊讶地发现自己对于原来所烦恼的事情竟然不再感到烦恼了。

如果你真正了解别人的生活,就会看见比你烦恼的人多的是。

有一位演员曾说:"当别人羡慕我的时候,我在想,老天啊!不要羡慕我,我也有自己的痛苦。"

其实,每个人都有很多问题要解决。现代人经历的悲欢离合,古代人同样体验过。百年之后,我们的后人同样会遇到,这就是人生。

你别把问题看得太重。想想看，孩提时，你有各种各样的问题，等你长大以后，问题就消失了。这些问题到哪里去了？你并没有去解决它们，它们就消失了。你甚至想不起来小时候曾遇到的问题。等你年纪再大一点儿，又有不同的问题，然后当你老了的时候，这些问题又没有了。并不是你把问题解决了，只是随着日子一天天过去，问题被放下了。你老的时候，会笑自己以前曾被那些问题所困扰，当时你伤心、难过、痛不欲生，而今呢？

问题已不再是问题。

第四节
学着去接受每件事

处理麻烦，有什么好方法？

智者：不要制造麻烦。

人天生喜欢好的感受，而极力抗拒不好的感受。没有人想要生病，喜欢挫折失败。所以我们会抗拒，拒绝自己不喜欢、害怕、感到不快乐的事物。可惜的是，我们抗拒不好的感受，不仅会耗损能量，还会带来负面情绪。

留意一下，生气时，你到底因为什么而生气，是眼前发生的事情没有按照你所想的方式发生吗？痛苦的时候，

第六章 一切事情的发生，都是最好的安排

你注意过吗，你一定是在跟真相对抗，因为你不愿意接受事实，所以痛苦，对不对？

我们说"我不喜欢……"，然后就开始排斥；"我受够了……"，战斗就此展开；"我无法忍受……"，然后内心就充满矛盾和挣扎。我们越抗拒当下发生的事，情绪就越糟糕。

无论你接不接受，事实都不会改变，了解这点很重要。生命不会按照我们的计划走，生活不会完全在我们的预期之中。抗拒就是在事实上堆积负面情绪，只会让你更加痛苦。例如，你的朋友被困在长长的车队中，你可能会迟到，但这没什么大不了的。然而，如果你非常抗拒，心里一直抱怨不应该发生这种事！真是受不了！这时你的心情就变得不悦、焦躁不安、愤怒。

生命中难以避免的痛苦与深陷其中的自讨苦吃，这两者是有区别的。一位年轻人到寺院中，请求智者准许自己留下来修行。

"我希望你不怕受苦。"智者事先声明。

这位年轻人有点儿惊讶，说自己不是来受苦的，而是

来学习禅坐和平静地在寺院中生活的。

智者解释说:"苦有两种。一种是会导致更多苦的苦,另一种是会让苦熄灭的苦。如果你不愿意去面对第二种苦的话,你一定是愿意继续经历第一种苦。"

我们无法避免人生的痛苦,但可以不因为那个苦而受苦。

事实既然这样,它就是这样。班机延误,就是延误了;考试考砸,就是考砸了;钱拿不回来,就是拿不回来了;患了癌症,就是患癌症了;人老了,就是老了。你除了接受,没有别的办法。你尝试过很多次去抗拒事实,抱怨这个、批评那个,但是除了痛苦,事实有任何改变吗?

有句话说得好:世界没有悲剧和喜剧之分,如果你能从悲剧中走出来,那就是喜剧;如果你沉溺于喜剧之中,那就是悲剧。

第六章 一切事情的发生,都是最好的安排

学会顺其自然,让事情以它原本的样子存在。当你不再对抗,内心就平静了下来,你不需要去安顿它,只需要安顿自己。我记得多年前外出旅游,在整个车厢都在摇晃的缆车上,听到一位年轻女孩儿对母亲说:"天哪,真希望我们已经到了!"她的母亲很睿智地回答:"亲爱的,千万别希望任何事早点儿消失,因为这也是你的人生。"

从今天起,你可以把自己想象成一棵树,稳稳地扎在你所处的境遇中,不论环境多么恶劣,情况多么不利,你都接纳生命中发生的一切。你可以学习随风摇摆,在困难之际折腰,但依然能稳稳地挺立,继续成长。这就是整个生活的艺术。

第五节

尽人事，听天命

我如何在困苦、纷乱的情况中得享平安？

智者：尽人事，听天命。

所有的情况并不都会如你所愿，在每次危急灾难发生时，你也并非都能化险为夷。遇到挫折、灾难或是面临失意、无助的时候，人们常会向上天祈祷，寻求帮助。

丽莎的父亲因突发心脏病被送进了医院，当她走进父亲的病房里时，母亲一句话也没说，她们默默地抱在一起，泪流不止。

第六章 一切事情的发生，都是最好的安排

之后，整整三个星期，丽莎和母亲就这样日夜守护着。

一天早晨，父亲终于醒了，虽然他的心脏情况稳定了，但是其他的器官出现了问题，生命依然危在旦夕。

接下来的日子，除了和父亲、母亲在一起的时间，丽莎都在忧心地祈祷着："祈求上天让我的父亲活下去吧！"

一天晚上，她接到丈夫的电话，丈夫在电话那头说："要相信上天的答案，亲爱的。"丽莎恍然大悟，原来自己之前的祈祷都错了。

第二天清晨，丽莎在医院里平静地祈祷："亲爱的上天，我知道我的答案是什么，但对父亲来说这并不见得是最好的答案。您也爱他，因此我现在要把他放在您的手中，让您做最好的安排。"在那一瞬间，她觉得如释重负。她知道不管最后结果如何，对父亲来说都是正确的。

两个星期后，她的父亲去世了。

父亲去世后的第二天，丈夫带着孩子们赶来了。他们的儿子哭着说："我不要让外公死，他为什么会死呢？"

丽莎紧紧抱着儿子大哭一场。从窗户远望，她看见苍

绿的群山和碧蓝的天,想着她深深敬爱的父亲,也想到他遭受的病痛,想开了。

丈夫把手放在她的肩上。丽莎轻轻地说:"显然,这就是答案!"

第六章 一切事情的发生，都是最好的安排

在生命里，有太多我们无法掌控的事，有太多不安、不确定的时刻，在这段时间里，信任是最重要的。我们要信任自己，信任生活中所呈现的一切。

信任就像我们从外面回到家里的感觉。在荒野中，天空乌云密布、雷雨交加，我们又迷路了，一心只想要赶快回家。我们彷徨时的情况就是这样。我们回到了家后，闪电、大雨已不再如此可怕，因为我们已经在安全的室内。人心安就会放下。

第七章

多一些笑容，
少一些你死我活

PART 7

第一节
感谢那些痛苦的过去

感情方面的事,我该如何放下?

智者:学会感恩,重新去爱。

过去无法遗忘,回忆无法抹去。在你的心里,过去给你留下了什么?

如果过去留下的是痛苦与不堪,你注定被过去的遗憾所缠绕、羁绊;如果试着去感谢过去的痛苦与不堪,你就把自己从桎梏中解放出来。因为这些经历,造就了现在的你。

我们常听到许多杰出人士在接受采访或是在颁奖典礼上会这么说："感谢那些伤害过我的人。"为什么？如果你静下来想想就会发现，生命中最艰难的经历和最难缠的人，总让你成长得最多。

我在年少求学阶段，成天玩乐，有过很多不被看好的时候。有一位老师很犀利地对我说："你将来不会有出息的！"因为不服输的个性，我才让自己痛定思痛，改头换面。现在想起来，我真的很感谢他，否则我的人生不知道会变成什么样子。

敌人、贵人，一体两面。第26届金曲奖颁奖典礼上，一位歌手勇夺最佳作曲人奖。他在台上感谢那些曾经批评他"写的歌没几首能听"，一路唱衰他的人，说："可能你的批评没有成就你，但是它成就了我。"另一位女歌手曾在颁奖典礼上说："谢谢曾经看轻我的人，谢谢你们给我很大的打击，让我一直很努力。"她短短的几句话，赢得了无数掌声。

我越来越明白"最坏的房东就是最好的房东"这句话。正因为房东很恶劣，房客才会下定决心买套房子。为了让自己不再面对那些讨厌的人或事，我们就得努力。努力提升自己的能力来反制这些人，努力找一份更好的工作换个新的环境，努力成为一个更优秀、更有价值的人……我们做了这么多的努力，就是被这些人和事逼出来的。

控 局

我们想要迎接美好的未来,就必须感谢过去的风雨。

当遇到昔日爱过的人,你要记得感谢,感谢对方曾带给你的甜蜜时光与美好回忆;当遇到伤害你的人,你要记得感谢,是他们让你变得更加坚强与成熟,是他们让你看清了人性。

我们现在能够变得足够坚强,要感谢过去的自己。所有走过的路、经历过的事和爱过的人,是生命的记录,证明我们活过。让一切的痛苦都过去,只留下美好,是为了遇见更好的自己。

第二节
原谅别人，饶恕自己

他让我难过、痛苦，我也不会让他好过。

智者：你让自己喝毒药来置对方于死地？

一生中我们多多少少会遇到分手、情人变心、伴侣欺骗、家人伤害、亲友侮蔑、工作伙伴推卸责任……我们往往会把自己囚禁在痛苦与悲伤之中，不是向内自我封闭，就是向外爆发出来。我们总想着报复或是要对方付出代价，要原谅伤害我们的人，并不容易。

"难道要我当没发生过？要我原谅，那不是太便宜他了

控 局

吗？"这是多数人普遍的反应。但如果别人对我怎么样，我也要对别人怎么样，我们跟对方有何不同？我们厌恶对方的所作所为，却没想过为了报复，把自己变得跟对方一样可恶。

原谅别人，并不表示他过去对你所做的事没有发生过或是他那样做没有错。重要的不是伤害你的人是否得到报应，而是你是否得到自由。你原谅别人的过错，不是因为对方值得被原谅，而是因为别人的过错不值得被放在自己的心中。

他伤我这么深！
他毁了我的人生！
我无法忘记他对我的侮辱，实在太过分了！
我永远无法原谅他！

当持有上列的想法时，你的心情如何？我想，你一定会感受到非常多的负面情绪，那为什么要一直带着这些情绪呢？

别人伤害我们已经够苦了，把这种经历放在心上，只会让我们一直处在怨恨和愤怒中，一再承受那个伤害，这个人就控制了我们的生命。

1994年，曼德拉出狱四年后当选南非总统。在总统就职典礼上，曼德拉像对待朋友一样，亲自接待当初在监狱看守他的三名狱方人员，并要求他们站起来，以便他能将他们介绍给大家。

曼德拉宽宏的胸怀，让南非那些残酷虐待他的人无地自容，也让所有到场的人肃然起敬。看着年迈的曼德拉缓缓地站起身来，恭敬地向三个曾关押过他的人致敬，在场的来宾都安静了下来。

曼德拉后来向朋友解释说，自己年轻时性子急躁，正是在监狱中学会了控制情绪，才有机会活下来。牢狱生活也让他学会了感恩与宽容。

他说："当我走出囚室，迈向通往自由的监狱大门时，我已经清楚，自己若不能将悲痛与怨恨留在身后，那么我其实仍在狱中。"

宽恕不是为了别人，是为了放过自己，停止对自我的伤害，中止对自己的折磨。宽恕是为内心带来平静，也让自己可以重新开始新的生活。

控 局

我们很难原谅别人,但是我们自己也犯过错,有时也会做出事后让自己后悔的事,因此希望别人能谅解,并且原谅我们的错误。那么,我们又为什么不能原谅别人的错误呢?

有人说所有的宽恕都是对自己的宽恕。宽恕自己曾经错看了某个人,错估了某件事,错待了某段时光。

> 我们无法原谅别人，从更深层次来看，就是不能原谅自己。任何一个不知道怎么爱自己的人，也很难原谅别人。在内心深处我们总怀疑自己，觉得自己不够好，才会遇到这种事，才会遭遇这一切。我们一直以为是别人伤害了自己，其实自己才是伤害自己最深的人。事情已经过去，但我们总跟自己过不去。我们必须先原谅自己，才能够放下自责、懊悔、怨恨。我们原谅自己多少，就能对别人宽容多少。

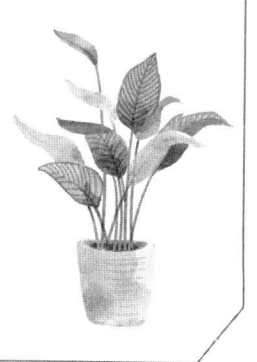

第三节

多一点儿度量，少一点儿计较

我该如何对待自己、对待他人？

智者：对自己好一点儿，因为一辈子不长；对别人好一点儿，因为下辈子不一定能够遇见。

英国著名的剧作家王尔德说过一句话："生命太严肃了，切莫当真！"真的，人生在世不过短短数十载，不如意的事十之八九，败事容易成事难，其中又有太多挫折、磨难和纷扰，我们真的没有必要太当真。

一个人总觉得每一件事都很严重，生活就会充满苦恼；

凡事斤斤计较，心绪纷扰，难以释怀，不仅失去了彼此的感情，还失去了自己愉快的心情。

世界是一面镜子，你对别人笑，别人也会报以笑容；你对人恶言相向，别人也会还以颜色；你觉得不舒服，对人摆臭脸，对方也会用一种讨厌的方式回应你。你对别人所做的事，都会回到自己身上；常常批评别人，自己也会收到许多批评；让别人难过，自己也不会好过。

同样的，当你开始友善，周遭的人也跟着友善起来。你关心别人，别人也会关心你；你经常赞美别人，也会听到有人在赞美你。你给别人快乐，就是给自己幸福；给别人散播花香的人，自己也会沾上一缕花香。

有位护士说得好："每当我感到人们不对我微笑时，我就开始笑着对别人问好，然后，非常神奇地，似乎我周围突然多了许多微笑着的人。"

我们既要学会善待他人，也要懂得善待自己。多爱自己一点儿，因为人生匆匆；多体谅别人一点儿，因为大多数人的生活并不好过。

控 局

是与非，自己知道就好；真或假，天知道就好，你只要对得起自己的良心。你轻松地看事情，人生就会变得轻松；活得糊涂一点儿，既是放过自己，也是放过别人。

来是偶然，走是必然。人与人在一起是缘分，要珍惜在一起的幸福时光。人要珍惜缘分，不辜负别人的真心，不讲伤害对方的话。多一点儿宽容，少一点儿计较；多一点儿感恩，少一点儿抱怨；多一点儿幽默，少一点儿气急败坏；多一点儿笑容，少一点儿你死我活。缘来好好珍惜，缘去洒脱放手。我们珍惜共聚的时光，就是珍惜美好的人生。

第四节
生活是用来享受的，不是用来抱怨的

有些人总是抱怨连连，你怎么看？

智者：别放在心上。

人在这个世界上生活有两种方式：一种是抱怨生活，另一种是享受生活。

大多数人在抱怨生活：房子太小，天气太热，钱不够花，午餐难吃，路上塞车，老板苛刻，邻居太吵，另一半太唠叨，父母管得太多……事情这样不对，那样不好。爱抱怨的人总是不满现状，想改变周遭的人、事、物，这样

控 局

怎么可能享受人生？

那些爱抱怨的人好像企图重新安排天上的云朵。爱抱怨使人无法快乐，无法从内心发出微笑，无法爱人以及讨人喜爱。

有些人相信，只要把自己的生活梳理好，就可以把日子过得好些。事实上，当你解决了某个问题，马上又会有新的问题出现。生活的落叶永远扫不完。

有一个书童，受雇在一位老举人办的私塾里打杂，每天一大清早，他都要负责把院子里的落叶扫干净。某一天，老举人一面吟着诗，一面在私塾里散步，路过院子时，猛然看见这个书童正在拼命地摇着一棵树。他吓了一跳，赶忙问："你为什么要摇这棵树呢？"书童说："老爷，我每天扫落叶好累！我今天早上已经扫完地了，但想把明天的落叶摇下来，先扫掉，这样明天就没事了。"老举人笑了笑，并摸了摸书童的头说："孩子，不管你现在怎么摇树，明天还是会有叶子落下来的，当天扫当天的落叶就够了！"

当风静止时，树叶仍会落下，有人试图扫光所有的落叶，同时错过了生命中许多美好的时光。

第七章 多一些笑容，少一些你死我活

在人生的道路上，我们如同旅客，在短暂停留中，应该尽情享受，不是吗？然而，旅行安顿下来后，我们就会开始挑剔饭店：大厅不够气派，服务生态度不佳，于是向经理投诉。我们进了房间发现墙壁颜色不搭，就去买细砂、油漆，花几个小时磨平、粉刷；接着发现房间摆设的物品不符合自己的品位，于是重新布置家具、灯饰和挂画；终于大功告成，正想躺下来休息，却发现床垫凹凸不平，再买来新床垫，此时太阳也下山了，我们却没能好好享受。人生也是这么被错过的。

每当有学生向智者提到工作或关系中的不满和怨气时，他会非常认真地倾听，然后微笑着说："希望你能享受它。"

或许你感情不顺心，工作不理想，过得不如意，你可能在一个长满野草、遍地落叶的环境中生活着，但不要让它们影响你享受人生。你无法让事情跟你所想的一样，也无法改变不想改变的人，因此不要去抱怨无法控制的人、事、物。但是，你可以专注在自己能改变的事情上，可以决定不让别人影响自己的心情。

控 局

> 在这个世界上,我们永远不可能达到一个尽善尽美的境地。令人愉快的休闲时光中还有很多麻烦事,繁重的工作里仍会有令人开心的事情。我们无须等到事事顺心才快乐——阳台上的花即将盛开、小孩儿稚气的笑声、自在悠闲地喝杯咖啡、聆听一首优美的歌曲、吃一道喜爱的开胃小菜、赏日落时分的晚霞、感受微风轻拂的凉意……停下抱怨,我们现在就可以享受人生。

第五节
你已经很幸福了

为什么人生有这么多的不幸?

智者：不幸显而易见，幸福难以察觉。

你知道自己的头上有多少根头发吗？不知道，对吗？如果有人拔了你的一根头发，你就会清楚地感觉到。鼻塞时，你会在意自己的鼻子，但是当鼻子通了，你就忘记了鼻子的存在；鞋子挤脚时，你会感觉到脚不舒服，但是当鞋子合适时，你就不会在意双脚的感受；当家里停水停电，你会觉得真糟糕，但是当它们一切运作正常，你从来不会

控 局

想到它们。

你可以深刻地感觉到自己的痛苦、悲惨，但是对于身边美好幸福的事，似乎不曾在意。

为什么？因为你已身在其中，所以你感觉不到。

有一个妇人已经生了三个女孩儿，都很乖巧、可爱，但她并不满足，一心想着再生一个男孩儿，并日夜祈祷。

有一天夜里，她忽然做了一个梦，梦到自己终于有了一个漂亮的男孩儿。她细心地呵护乖巧、懂事的男孩儿，然而男孩儿突然在五岁时意外去世。

她呼天抢地、痛不欲生。接着，她在这种悲伤中哭醒了。醒后，她发现那只不过是一场梦。她用手擦着不断涌出的泪水，心想：幸亏那只是一场梦！若是真实的生活，自己该如何承受撕心裂肺的痛楚？从那以后，她珍惜自己的三个女孩儿，再也不想生男孩儿了。

人的不幸在于看不见自己是幸福的，不满在于不知道自己早该满足了。很多人是不满现状的。不染病受苦，不知健康之福；不冻饿饥寒，不知温饱之福；不遭遇意外，不知平安之福；不失去所爱，不知当下幸福。

第七章 多一些笑容，少一些你死我活

每天过着平淡的日子，你不会觉得自己幸福，等有一天遇到一些痛苦、灾难，才会明白平淡的幸福。

有位朋友在得知自己患癌后告诉我："我一想到好日子快要结束了，心情就很沉重。因为要化疗，就算治疗好，也可能会复发，随时提心吊胆……我真的好想回到以前。"

一位学生很感伤："我很少花时间关心父母，直到父母相继过世后，才发觉自己回报给他们的爱太少了，看着别人享受天伦之乐，想起我的父母……不禁红了眼眶。"

当双亲中有人过世，子女才体会父母在世的美好。我也听过许多丧妻的丈夫说，下班回家后，望着一屋子的脏乱与一堆无人料理的家务，就感到疲惫，也才体会到过去拥有妻子的好。还有许多丧夫的妻子说，家里遇到突发状况或是有什么需要男人处理帮忙的地方，即使是简单的换灯泡、修理水管，都会让她们发现丈夫的重要性。

控 局

人们只有蓦然回首时才发现身边美好的人、事、物。所以,我特别珍惜平凡、安稳的生活,只是简单地和家人闲话家常或是共进一顿晚餐就觉得幸福;每天能够平安回家,舒服地躺在床上睡觉,就是幸福……我们欠缺的只是用心感受拥有的一切。

第八章

得失相随，
福祸相伴，苦乐一体

PART 8

第一节
拥有是一种失去，失去是一种收获

如果没有那笔钱，我不知道结果会如何。

智者：你应该会闯出一片天。

人们都以为拥有就是收获，一旦失去就感觉失落，这是大多数人的误区。

事实上，所有的事情有得必有失。你获得某个职位，同时也失去了某些自由和时间；快乐随名声增加，但人红是非多；位高权重，就要承担更多的责任，烦恼也更多。名声、地位、财富使你快乐，但你在追求的过程中也可能失去更重要的东西,比如健康、尊严、家庭、感情、自由、青春,甚至失去自己。

反过来,你在失去的同时也在获得。你失去了他人的照顾,自己获得了独立坚强;你失去了金银财宝,获得了家人的平安;你没有家庭的支持,但也获得了更高的自由度;你失去了工作,反而开启了事业的第二春。

一位朋友成为当红明星,问我的看法。

"你的头顶上会多出光环,你的日子会变得昏天暗地;你会得到几年的风光,也会失去昔日的自在。"我说。

得失相随。你今天打工赚了一千元是得,你为这一千元付出了八小时是失,如果你学到了很多东西又是得。所以,得到时,你必须认真地思考:自己失去了什么?自己到底是用什么来交换的?值得吗?

有一天,一个小男孩儿正漫无目的地在马路上闲逛。突然,他发现有个东西在草堆里闪闪发光,弯腰一看,原来是一元的硬币。他如获至宝地捡起硬币,自言自语道:"太好了,没有付出任何代价就赚到一元。"

从那以后,无论走到哪里,他都低头寻找,看能不能再遇到好运。几年下来，他一共捡到了将近十五元。他把钱收在一个袋子里，还经常拿出来跟亲友炫耀，不仅是因为他捡到了这么多钱，更重要的是他觉得自己很幸运，没有付任何代价就有所得。

他真的没有付出什么吗？在寻找这些钱的过程中，他无暇欣赏周围的美景，没有看到夕阳余晖，也没有看到蝴蝶在花丛中飞舞、甲虫在树上睡着，甚至没有看路况，有几次差点儿发生意外。

失去时，你要反过来想自己得到了什么。失去并非负面，如果你并没有为此悲伤，而是从成长和收获的角度来看，那么每一次失去必有所得。

一位学弟跟部门主管闹翻了，办公室里的同事开始躲避他，他觉得非常沮丧。

于是我要他反过来想，在这个不愉快的事件里获得了什么？

"怎么可能获得什么？"一开始他有点儿不以为然地说，"没有！"然而，心知这样的想法无济于事，于是他勉强想出两个好处：一是终于知道哪些人很现实；二是没人理自己,日子变得很清闲。

"这不是很好吗?"我说,"现在,你看出来谁才是真正的朋友,以前你不是常抱怨有些同事难相处,现在不必往来,正好省掉这些困扰。另外,你还多出不少的时间,可以做自己的事,不是吗?"

有个学生因失恋而悲愤不已,后来她学会反过来看,因此释怀。她说:"失恋让我学会勇敢,学会珍惜,我也因此更爱自己和家人。"

第八章 得失相随,福祸相伴,苦乐一体

那个曾经让你饱受挫折、悲苦的人,也让你变得成熟、坚强;那些曾经让你快乐、沉醉的事,往往也让你倍感痛苦、失意。明白拥有是一种失去,失去是一种收获,面对人生的得与失,你就会变得豁达,拿得起、放得下。

第二节

福因祸生，祸中藏福

为什么坏事会发生在好人身上？

智者：坏事不一定坏，好事不一定好。

有一位老板要出国谈一笔大生意，结果秘书竟然把他的护照弄丢了，老板气得把她开除了。没想到本来要搭乘的班机竟然发生了空难，这时老板发现自己捡回了一条命，惊觉那个秘书是他生命中的贵人，不但登门道歉，还给秘书加薪、升职。

"祸兮福所倚，福兮祸所伏。"灾祸是很多人所害怕的，

第八章 得失相随，福祸相伴，苦乐一体

可是在这祸中未必没有福之将至；而所谓福者，是很多人所喜欢的，可是也未必不是祸之将临。

有头驴看到主人精心照料马，并给它丰富的饲料，想到自己连谷草都不够吃，还要做十分繁重的工作，便悲伤地对马说："你真幸福！"当战事爆发时，全副武装的战士骑着马，奔驰于战场，不顾枪林弹雨，冲锋陷阵。马不幸受伤倒下，驴见到后，不再觉得马比自己幸福，反而觉得马真可怜。

马被悉心照料，看起来是件幸福的事，谁知灾祸临头。

丢了护照、损失生意，看起来是坏事，谁知却躲过意外。

世事难料，人不能只看眼前。人常常会抱怨自己不顺利、经常倒霉，但这真的是坏事吗？不，人很难预料到事情会如何发展。曾有这样一则故事：

一位商人卖废铁赚了钱，想增加投资，于是到银行去申请贷款。银行经理觉得有风险，不愿意贷款给他，商人只好气呼呼地走了。

两个月后，这位商人去拜谢银行经理。银行经理奇

控 局

怪地问:"我没借钱给你,你反而来感谢我,这是怎么回事?"

这位商人说:"废铁跌价了,大约跌了一半,就因为你没有把钱借给我,所以我没有受到更大损失。"

所以,不要急着下结论,也不要急着谴责,因为你不知道事情为何发生,也不知道它会带来什么样的结果。苹果公司的创办人乔布斯深有所感,他说如果没有休学,自己不可能创立苹果公司。在遭遇不顺遂的当初,他曾觉得那是人生严酷的苦难,事过境迁,回想过去,才发现这些坏事竟然是人生中最棒的事。

好事莫骄矜,坏事勿自弃。祸福有时只是一个表相而已。现在让你雀跃不已的事,也许以后会让你后悔;现在让你觉得不幸的事,也许以后会让你感到庆幸。

有个国王与手下一同去打猎,国王在捕抓猎物时,不幸被咬断了一截手指,手下安慰国王说,这也许是好事呢!国王听了很生气,以为手下说风凉话,便把他关进大牢。一天,国王到一个部落里微服私访,被一群野人捆绑起来。部落的祭司要用国王做祭品。当祭司认真检查国王的全身时，发现国王手指残缺，祭品残缺是祭祀的大忌，祭司很惋惜地叫人把国王放掉。

回到王宫的国王想起手下的话，顿时气消，把他释放了，同时，不忘报复式地说："你说我少了一截手指是好事，的确是好事，但你白白坐了这么久的牢，又算是什么好事呢？"

手下回答说："我坐牢的确是件好事，否则我必随您微服私访，一定也会被人抓住，当您不能成为祭品时，我就是祭品了。"国王一听，无话可说，暗暗佩服手下，开始重用他。

控 局

福因祸生,而祸中藏福。如果你能看得长远,遇事就能处变不惊。

第三节
有苦有乐，才是圆满人生

请问什么是最理想的人生？

智者：苦乐参半。

有个人去问一位智者："我们如何避开冷和热？"

智者说："尝尽冷和热。"

这个对话很有意思，那个提问的人其实想问的是我们如何避开痛苦与快乐。提问的人用冷和热来隐喻痛苦和快乐，而智者的回答则是一语道破天机，要避开痛苦与快乐的最好的方法就是去面对，去尝尽痛苦与快乐。因为人避

控 局

免了痛苦,就无法感受到快乐。

很多人认为痛苦和快乐是相反的。这是错误的认知。苦乐是一体两面的,经常互为因果。若你没有饱受久旱之苦,就无法感受逢甘霖之喜;若不是成天阴雨绵绵,就感受不到阳光明媚带来的喜悦;若没有经历凛冽寒冬,就无法体会暖气带来的温暖或是和三五好友围着一口火锅的快乐;若没有吃过苦,就无法感受苦尽后的甜美。

从前有一个樵夫要到山上砍柴,路上看到有人在卖香瓜,想到砍柴之后会口渴,就买了一大袋香瓜。

他在寻找树木的同时吃起香瓜来。

樵夫吃了一个香瓜觉得不甜,又去挑另一个香瓜吃,还是不甜,再挑一个来吃,也不甜,就这样,他将所有的香瓜都咬了几口,发现都不甜。他因此很懊恼,怎么今天买到的香瓜都不甜,只好开始专心地砍柴了。

砍着砍着,到了中午,他觉得口渴,于是捡起刚才丢在地上被咬过的香瓜,尝了一口,突然感觉蛮甜的,接着,很快将地上被咬过的香瓜逐一捡起来吃完了。

到了黄昏,樵夫砍完柴回家,遇到那个卖香瓜的人,又买了一袋香瓜。

人在辛苦劳动后,即使吃了一顿简单的饭菜,也觉得美味,为什么?因为人肚子饿的时候,什么食物吃起来都好吃。

登山之路漫长、艰辛,还必须克服天气、路况,为什么有人乐此不疲?如果可以轻易到达山顶,人就不会如此向往、兴奋。

许多人希望早点儿退休享福,但若失去目标和挑战,日子反而变得无趣。人生太安逸顺遂,你就会失去热情、斗志。当你避开了逆境,也将错过精彩。

有位老太太觉得自己一直在为整个家庭付出,所以对丈夫、儿子的作为感到不满,经常抱怨。终于有一天,她的丈夫和儿子离开她到异乡生活,最后客死他乡。

老太太哭了好多天,此后,她只能一个人面对晚年。

有人问她:"你觉得自己痛苦吗?"

老太太收起眼泪,摇摇头说:"痛苦是什么?我为什么要痛苦?"

"你的丈夫走了,儿子走了,你孤零零地活着,不感到苦吗?"

"不苦。"老太太说。

"那么你为什么哭?"

"因为现在我已经没有什么需要付出和守护的了,我痛苦的源头消失了。我在经历了这些事之后才明白,以前的苦和现在的比起来,根本不算是苦,我却为了那些微不足道的苦,伤害了丈夫和儿子,让他们和我一起受苦。"

"那你现在想做什么呢?"

"我要去告诉那些被苦所困的人,没有苦可以承受才是真正的苦。"

老太太觉醒了。

第八章　得失相随，福祸相伴，苦乐一体

人生苦乐参半。我们来到世界上是为了享受快乐，也是为了感受痛苦。"痛苦留给你的一切，请细细回味。苦难一经过去，就变为甘美。"这就像喝一杯黑咖啡，唯有尝过浓郁的苦涩才会回甘。享福和受苦加在一起，才叫享受。

第四节

本来就不存在，走时也带不走

失去的东西，人有必要去追回吗？

智者：会失去的东西，本来就不属于你。

人都是赤手空拳地来到这个世界上的，到最后也是双手一摊离开人间，只是过程中有不一样的因缘聚散。凡聚合的终将分离，升起的必然落下，相遇的也要道别，生命终将以死了结。

生命就像我们捧在手里的水，从捧起水的那一刻起，无论我们的十指如何拼命地靠拢，水还是无情地一点一滴地从指缝里流走。总有一天你拥有的一切会离开你,只是时间早晚的问题。

在清晨时分绽放的花朵到了傍晚也许会枯萎、凋谢,随着日出而来的幸福也许会随着日落而去。

曾有这样一个故事:

一个月色朦胧的深夜,在一个靠海的山洞里,有位智者正在盘膝打坐。他突然听到了几声哭泣,声音好像来自山脚下的海边。

这么晚了,到底发生了什么事呢?智者站起来急忙向海边奔去。果然,在海边高高的岩石上,有一个白色的身影。

就在智者即将抓住轻生女子的衣袖之际,那女子纵身一跃,跳进海中。幸好智者懂一些水性,几经挣扎,终于将她救上了岸。

奇怪的是,被智者救起之后,女子不但不感激,反而一脸的忧伤,埋怨他多管闲事。智者问她:"年轻人,你为什么要选择轻生呢?"

女人喃喃地说道:"这里是我的美梦开始的地方,所以我也应该在这里终结……"原来,三年前,就在风景如画的山上,她与一个前来旅游的年轻人不期而遇,两个人一见钟情,喜结连理,并生下了一个儿子。然而,一年前她的丈夫发生意外去世,她日夜不停地哭泣,好像天塌了下来。更让她痛心不已的是,他们活泼、可爱的儿子,也在上个月因病而亡。

"我没了丈夫,没了儿子,再也没有了幸福,活在这个世界上还有什么意思?"女子泣不成声,悲痛欲绝。然而,智者不但没有开导她、安慰她,反而放声大笑:"哈哈哈!"女子感到莫名其妙,不知不觉地停止了哭泣。

智者笑问:"三年前,就在此地,你有丈夫吗?"女人摇摇头。

"三年前,上山时,你有儿子吗?"女人再次摇头。

"那么,你现在不是与三年前一模一样了吗?那时,你独自来到山上,是来自寻短见的吗?"

女子愣住了。智者说:"三年前,你既没有丈夫,也没有儿子,一个人来到这里。现在,你与三年前一模一样,仍是一个人。今天,就像三年前那一天的延续,只不过是还原了一个你自己而已。"

认识他之前,你是一个人,在那个人离去之后,你只是回到了一个人的状态。你说失去了他,该如何活下去?在之前没有他的时候,你不也活得好好的?

《列子》中记载,魏人东门吴在面对儿子的死亡时,并没有任何悲伤,旁人看到了,很好奇地问:"你的儿子死了,难道你一点儿都不悲伤吗?"

东门吴淡淡地说:"他没有出生时,我活得好好的;他在的时候,我还是这样活。现在他走了,我只是又回到没有他的日子,有什么好难过的?"

控 局

　　失恋了,离婚了,事业垮了,钱没了,亲人走了……仔细想想,在你还没来到这个世界上时,这些东西本来就不存在,走的时候也都带不走,你有失去什么吗?

　　会失去的东西,本来就不属于你。得到是缘分,失去表示缘尽。一切随缘吧!

第五节
到最后，总数都一样

如果你期待某件东西，你得到了，那是一种快乐。然而相对的，当你失去它的时候，你也会感受到等量的悲伤。你得到时曾经有多快乐，失去时就会有多悲伤。那个总数是一样的。

谈了恋爱，你觉得十分开心，当有一天失恋了，你就会觉得十分悲伤；有人爱你，你很幸福，那人离开了，你就会觉得很不幸。如果对方没有那么爱你，你也不会特别难过。

有人以青春美丽为傲，但年华老去、美貌不再，这个

控 局

人也将为此所苦。外貌曾给人带来极大的满足感,之后也将给人带来极大的失落感。如果你比身边亲近的人长寿,就必须承受这些人——离你而去的悲伤。

有人认为有钱人比较快乐,这是错误的认知。一个穷人用几百块钱就能得到的快乐,等他有钱后,可能要花上万元甚至上百万元才能得到同等的快乐。你口味越重,就越难品尝到食物的真实风味;你的钱越多,就会觉得钱的价值变得越小;肚子很饿的时候,吃到一个馒头会觉得很美味,吃了五个馒头,你就会难以下咽。

钱太多,你怕被偷、被骗;房子太大,怕打扫麻烦;吃太多,怕变胖……

有这样一个故事:

一只狐狸看见围墙里有一棵葡萄树,枝上结满了诱人的葡萄。狐狸垂涎欲滴,四处寻找入口,终于发现一个小洞口,可是洞口太小了,它的身体无法进入,于是它在围墙外绝食6天,饿瘦了自己,终于穿过了小洞口,幸福地吃上了葡萄。可是后来它发现吃得饱饱的身体让它无法钻到围墙外,于是它又绝食了6天,再次饿瘦了身体。

第八章 得失相随，福祸相伴，苦乐一体

即使我们拥有了全世界，我们也只能日食三餐，夜寐一床。

在这个世界上，每个人的地位、财富或许有高低、多少之分，但所有人对快乐和幸福的体会并没有太大差别。有钱人的快乐可能比较复杂，穷人的快乐可能比较单纯，只是这点儿差别。

富有的人拥有较好的食物，但食欲变差；有舒适的床，却得了失眠症。反观流浪汉，随便什么食物，他都吃得津津有味，随处都可以躺下入睡。如果你能够从整体或者最终的角度看，其实他们体会到的幸福和快乐的总数都是一样的。

有一个狙公（古代喜养猿猴者），在院子里养了许多只猴子。日子一久，狙公和猴子竟然能沟通。这位狙公每天早、晚分别给每只猴子四颗果子。几年后，狙公的积蓄眼看要花完了，他就和猴子们商量说："从今天开始，我每天早上给你们三颗果子，晚上还是照常给四颗果子，不知你们是否同意呢？"猴子们一听要减少它们的食物，又跳又叫地大吵大闹，很不高兴。狙公一看，连忙改口说："那

么我早上给你们四颗果子,晚上再给三颗,这总该可以了吧?"猴子们听说早上的果子已经增加了,以为是一切照常,就高兴地在地上翻滚起来。

"朝三暮四"与"朝四暮三"其实是一样的,猴子们只看到了事物的表象。

第八章 得失相随，福祸相伴，苦乐一体

有人先得后失，有人先失后得。如果你拉长时间线，会发现所有悲喜与苦乐的总量是一样的。失去是必然的结果，不管你得到什么，失去是早已注定的。在死亡面前，没有富人和穷人之分，死亡会让一切变得公平。

拥有越多的人，失去越多，也越痛苦；没有得到的人，也就不会因失去而痛苦。

第九章
充实地过活，快乐地老去

PART 9

第一节
没有下不完的雨

我的情绪总是起起伏伏，如何让自己的心得到真正的平静？

智者：不要对生命的起起落落太在意。

人生起起落落，本是常态；月圆月缺，花开花谢；幸福会来，不幸也会来；曾经让你快乐的事物后来可能成为你痛苦的来源；曾经你觉得严重、觉得难过的，如今已风轻云淡；曾经你无法忍受、无法释怀的，早已成了过眼云烟。所有状况都是暂时的，没有什么是永远不变的。

控 局

人生的起落就像一个转动的轮子,轮子的上面会绕下来,下面不久会绕到上面。快乐之后痛苦接踵而来,痛苦过去之后又是快乐。轮子代表生活中发生的各个事件,当我们看着轮子上的某点向下运动,往往视野受到局限,只能朝下看到地面,却无法看到轮子另一侧的点的爬升。事实上,高峰与低谷是相互转化的,无论苦乐都在里面循环着。

回头看看你的人生,从出生到现在,你经历过哀伤,有过快乐时光,也品尝过酸甜苦辣,然后呢?一切都过去了。

或许你曾在一场比赛中胜出或落败,拥有或失去爱人,取得或未取得升迁,通过或未通过考试。你遇到大大小小的坎,经历许许多多的不如意……无论如何,都过去了,不是吗?

未来会如何?隔几天,你会变成什么样?你最多不过是笑笑跳跳,要不然就是伤心流泪,那又如何?这都会过去的。生命遭遇的事情犹如浮草、树叶、花瓣,终究会在时间的河流中漂到远方,没有什么是过不去的。

试着回忆去年的这个时刻,你在烦恼、担忧什么,你多半记不起来了,对不对?

回想最辛苦的那段时间,最害怕的那个时候,你不也走过来了?

现在,无论你是悲或是喜,此事亦将会过去。日子里纵使有阴影、烟尘,然而愁雾散去,又将是明亮的天空,雨过天会晴。

有一则广为流传的故事。

一位国王饱受情绪剧烈起伏之苦,向智者求助:"我要怎么样才能获得内心的平静呢?"

一个月后,智者将礼物送来了,是一枚金戒指,上面刻了一行文字:"这个也会过去。"

智者对国王说:"生气的时候,您可以摸着这行字,默默地念给自己听;忧伤的时候,您摸着这行字,默默地念给自己听;快乐的时候,您同样摸着这行字,默默地念给自己听。"

控 局

> 你既然知道人、事、物都是短暂、无常的，便懂得苦不会永远苦，乐也不会永远乐，都只是暂时的现象。因为它们短暂，你平常就该珍惜、感恩，当无常到来的时候也能以平常心看待。人对生命中一时的得失、成败、顺逆、荣辱，不必太认真、太执着、太计较。
>
> 你看到花开花落，或许会感伤，但不久花儿一样会再次绽放。没有无尽的黑夜，也没有下不完的雨。当天很黑的时候，白天就要来临；当寒冬来临，春天就不远了；当感到痛苦时，其实你的痛苦已经要过去了。

第二节
人生多体验，一生不白活

人死后带不走任何东西，那么，人到底为什么活着？

智者：为了体验人生。

人这一辈子，无非就是个过程。要不然，人明知最后都要死亡，为什么还要活着？人明知努力一辈子，到头来什么都带不走，为什么还要努力？

结果不重要，重要的是你经历了什么。

体验过程才是我们此生的目的。因此，尽量地去体验，每一段关系、每一个遭遇、每一条道路，都会帮助我们开

控 局

阔眼界，积累见识；每一段悲欢离合、喜怒哀乐，都是帮助我们丰富人生，不断地成熟和成长。

有一位很穷的年轻人出去工作，在路上捡到了一个神奇的葫芦。

"如果我现在能立刻变得有钱，那该多好！"没想到他刚那么想，就有了很多很多的钱。

这时候他又想起了自己心爱的女朋友："如果她能马上成为我的妻子该有多好！"女朋友果然就成了他的妻子。

"我有那么多钱，不想再等了。我现在就希望有很多孩子可以继承我的产业。"于是他也有了很多孩子。

人生所有的过程都被简化了，他立刻拥有了想要的一切。年轻人，不，确切地说，他现在已经是位老人了，捧着那个神奇的葫芦哭了起来："请求你让我变回原来的样子吧。我还是想每天工作，晚上瞒着女朋友的父母偷偷地和她约会，牵着她的手在树林里散步……天哪！还是让这一切慢慢来吧！"

想象一下，你走进一辈子只能进去一次的游乐场，打算怎么度过？你是不是会玩遍每一个游乐设施，尝遍每一种特色小吃，欣赏不同的表演，挑战你害怕的事情……夕阳西下，离开游乐场的时候，你没有遗憾。

许多人希望一生平安顺利，安稳无灾，然而过了几十年，又觉得人生太过乏味，没有什么特别的记忆，感觉没有真正活过。有些人或许经历了一段煎熬但刻骨铭心的时光，时时咀嚼回味，不是等于多活了几十年？

你拥有一件世间无人拥有的东西——你自己的亲身经历。无论人生是悲喜还是苦乐，平坦顺畅还是崎岖不平，这些体验都是独一无二的，享受沿途风光，丰富自己的生命，这就是你的一生。

控 局

"你不能永远留在山顶,那么,当初又何必麻烦走上山顶呢?那是因为在低处总是看不到高处的美景,而在高处能知道低处的一切。所以,人才要往上爬,往远处看。当你走下山,你会深深地明白,你已看过人生最美的风景,至少你知道,你曾经到过那个山顶。"

我们终究无法拥有任何东西,只能拥有经历;带不走任何东西,唯一剩下的是过程。领悟这一点的人会明白,没有所谓的失去,也没有所谓的失败,只是经历罢了。悲伤,会随着时间变成记忆;痛苦,也会成为美好的回忆。我们要多去体验人生,别让自己白活了。

第三节
学习一个人，孤单不孤独

一个人不会感到孤独吗？

智者：孤单并不孤独。

人出生时就是一个人来，离世时也是一个人走，这是生命本来的模样。你可以结交朋友、寻找恋人或者混在人群中，但是你仍是孤单的。你的父母、伴侣、孩子、同学、同事、朋友……都是过客，当生命的列车不断向前，车上的人一个个下车，最终还是一个人的旅程。

学习独处就是认识真相，每个人都是独立的个体，不该依附别人生活或非得有人在身边不可。孤单与孤独不同，孤独是你的内心受不了一个人的生活，孤单是享受一个人的自在。你学会了独处就不怕孤单。

年轻时，我喜欢热闹，周末没朋友邀约便觉得无聊，待在家里觉得无趣。我真正开始独处是留学读书时，经历了茫然和寂寞，渐渐地学会了一个人吃饭、逛街、看展览，甚至一个人去旅行也可以很惬意。此后，我不再害怕一个人，不再害怕没人陪伴。

以前我只要独处，过不了半小时就抓起手机找人聊天或者看电视，现在觉得一个人静静的也不错。朋友聚在一起，我感觉很棒，一段时间没联系，也没关系。有人陪伴很好，没有人陪也可以，因为一个人也可以过得很好。

我有个师母，八十多岁了，一个人住在山里。有一次我问她如何消遣，她说："自得其乐！"最近几个人相约去拜访她，我才深切体会到她这句话的含意。我看到她几年来绘画的作品，简直可以举办个人展。休闲之余，她就在院子里修剪花木、种菜，菜吃不完就分送给邻居与亲朋好友。她非常享受自己所做的事，并乐于分享。有一次她独自外出旅行，在回程时还跟我们一起聚餐。看到她灿烂的笑容，我突然对"老人""寂寞""丧偶"等对独居的悲情和负面印象全然改观，独居的人同样可以活得精彩、自在。

有位诗人曾说："我赞美我自己，我歌唱我自己。"那歌唱不是因为别人，那赞美是为了自己。如果有人来到我的身边，很好；如果有人离开了，也没关系；我不再迷恋别人，而是跟自己谈恋爱，这即是单独之美——与自己谱出美丽的诗篇。

许多有关人际关系的书会教大家如何跟别人相处，其实人只有懂得如何跟自己相处，才能与别人好好地相处。一个人能独处，才能真正地面对自己，知道自己的真实感受，不致在关系中迷失自己。当学会安于一个人、不依赖任何人时，你面对任何关系，便能来去自在。

人生，到最后都是一个人。就算你子孙成群，享受众人对你的敬仰和跟随，最后终究也会是一个人……早点儿学会一个人面对世界，一个人生活，便能享受孤单而不再孤独的人生。

第四节

面对死亡，学会生活

人如何一生无怨、无悔、无憾？

智者：把每天都当成最后一天来过。

人们很容易遗忘生死，从而醉生梦死，常常到了人生终点，才发现自己未曾真正地活过。那么，人如何才算真正地活着？

向死而生，是我能想到的最有意义的活法。在肿瘤科，我常常看到一些对生命抱有希望却来日无多的病人；在精神科，有许多来日方长却不抱任何希望的病人。我常常想，假如他们的处境能对调一下，结果必定大不相同。

当一个人知道自己快死了，他的人生观和看待事情的角度就会转变。他不会到处鬼混，因为没有无限期的明天，他会去做自己最想做的事，表达隐藏在心中的情感，对所爱的人表现出更多的关爱。

一旦知道自己来日无多，他不会再贪婪，追求更多的东西，因为已经没有意义了。如果明天就要离开，他会打包行李，而不是去挂念饭店里的房间。当准备和人生告别，他会自动放下那些烦扰、仇恨，不会把时间浪费在和人争斗的事上，而是积极地把握当下。

有位朋友在一次手术时心脏突然停止跳动，他被抢救过来后突然开窍了——不再汲汲营营，不再凡事匆忙，开始懂得关心家人和身旁的人。他仿佛获得了新生。他告诉我，有一天他坐在窗户边的椅子上，一阵微风吹进来，忽然间，他觉得自己生命中第一次感受到微风吹拂肌肤的穿透力，这是以前从未有过的体验。

我也听过许多病人在生病之前往往不知道自己要什么，直到被诊断出癌症或重症，他们才开始正视自己的生活，把剩余的时间留给自己喜爱的事物，在一成不变的日子里鲜活地生活。

真是奇怪，为什么到了人生的终点，我们对生命的价值的理解和选择的生活会如此不同？因为一直以来，我们过的并不是自己想要的人生。

有位演员在影片中曾说："我差点儿就没命了！我从自行车上摔下来，只差几厘米鼻子就被卡车给轧扁。当我躺在地上的时候，这一生的点点滴滴在我的眼前一闪而过。最让我感到害怕的是我的人生竟然是这么无趣！"

该有人提醒我们随时做好准备了，因为死亡并不像我们想象的那么遥远，死亡并不是到最后才发生，而是随时可能会发生。一场大病会让人体验到生命的脆弱，一件意外会使人发现死亡竟近在咫尺，被医生宣告还剩下几个月生命的病人会更了解这一切，无论人是否愿意，都必须面对死亡。

人为死亡做准备的最好方法就是"死前先死过"。

每天早晨醒来，你先问自己："如果我今晚死了，会后悔今天什么事没做吗？"

第九章 充实地过活，快乐地老去

如果你怀疑自己该做什么时，你只需问这个问题："假设将要死去，我会怎么做？"然后你便能清楚地知道自己该怎么做。

你可以写下生命清单和遗产清单：前者确立生时想创造的愿景——列出死前要做的事，然后一一完成；后者则是期望自己在世界上留下什么——这辈子结束时，希望后人记得自己是怎样的人，是否留下典范，会留在谁的记忆里。

常练习"面对死亡"，你就能弄清楚自己的人生。每个人若能以人生最终愿景为目的生活，那将是最圆满的一生。如果你能把每一天都当成最后一天来过，人生必定无悔、无怨、无憾。

第五节

人啊，不要等到最后才领悟

您对世人有什么忠告？

智者：人生太短，别明白太晚！

有位年轻人向智者提问："人生有哪些事最令你惊讶？"

智者回答说："人在小时候常常盼望着自己赶快长大，等到长大后，却渴望返老还童。人在年轻时常常活得像拼命三郎，用健康换取金钱，等到年纪大了，却用金钱来换取健康。他们活着的时候好像从不会死去，但死的时候好像没有活过。"

年轻人接着问:"你有什么想提醒人们的?"

智者微笑着答道:"他们应该知道,强迫别人爱他们是不可能的,唯一能办到的只是让自己被爱;他们应该知道,最要紧的是照顾好自己,不是讨好他人;他们应该知道,一生最有价值的不是拥有什么东西,而是拥有什么人;他们应该知道,富有并非拥有的最多,而是需要的最少;他们应该知道,要让人心灵受伤只要几秒钟,但疗伤需要好几年,甚至更长的时间;他们应该知道,两个人看待同一个事物,见解会不同;他们应该知道,有些人很爱他们,只是不知道如何表达;他们应该知道,得到别人的宽恕是不够的,自己也必须饶恕自己;他们应该知道,自己始终存在。"

"我们老得太快,却聪明得太迟。"无论你是否察觉,生命一直在前进,千万别等到最后才领悟。

我无法教大家如何生活,也没什么秘籍,但有一些非常简单的人生哲学,是我在旅途中体会出来的。它们让我明白自己要的是什么,让我的人生变得更加幸福、圆满。

下面我与大家分享:

我们要在复杂的人生中走出自己的简单旅程;我们要

对自己诚实,并接受事实;我们要得到孩子的喜爱、伴侣的敬重;我们要做自己的主人,做别人的贵人;我们要去发现美好的事物,在别人身上找出优点;我们要经常微笑,保持好心情;我们要活在当下,不再把现在的幸福拖到未来;我们要留给世界一些好的东西,无论是教养小孩儿、写一本书、种一棵树,还是改善社会、帮助他人,即使只有一个人因我们的存在而变得美好,一切就值得。

第九章 充实地过活，快乐地老去

> 我们充实地活着，这一生就算没有白活。